原災地復興の経済地理学

山川充夫 著

桜 井 書 店

はじめに

本書は二〇一一年三月一一日に発生した東日本大震災と東京電力福島第一原子力発電所の原子炉のメルトダウンによる原子力災害をうけたふくしまの復旧・復興への支援に、福島大学定年退職までの二年間、福島大学うつくしまふくしま未来支援センター長として、どのように向かい合ってきたかにかかわる、私のささやかな記録である。以下、本書の狙いを紹介する。

「震災&原災にどう向き合うか」は、二〇一一年四月二六日に開催された日本学術会議主催学術フォーラム「東日本大震災からの復興に向けて」において報告した「被災地(福島県)から考える地域再生と震災復興」を契機に、私なりの復興原則を考え、同年六月二〇日の経済地理学会において「東日本大震災の特性と復旧・復興に向けた七原則」として発表したものである(第一章)。国の復興構想会議や日本学術会議も復興の七原則を掲げているが、七つとしてまとまったのは偶然である。

「なぜ復興ビジョンに脱原発をかかげるのか」は、原子力災害が他の災害と異なることを強調している。放射能汚染は人間から自然を奪い、人間同士の絆が放射線被曝への不安や賠償金をめぐる問題で分断されるという特異性をもっている。また避難にあたって分散的な自主避難が先行したため、コミュニティの維持が困難になっている。特に福島県は大幅な人口減に直面しており、どのような復興ビジョンを組み立てたのか、そこに県民や市民はどのようにかかわったのか。「原子力に依存しない社会」という考え、出来上がった基本理念も重要であるが、それを実現する過程には新しい民主主義への兆しを感じる(第二章)。

福島県からは震災・原災で人口流出が続き、なぜ帰還が緩慢なのであろうか。「ふくしま復興の苦悩」は、ふくしまのそれまでの「強み」であった自然環境と安全環境とが、原災によって一気に失われたことにある。それは放射線被曝への危惧であり、県民が暮らし続けるためには、彼らの大きな心理的困難を解きほぐさなければならない。また避難生活が長期化することで健康問題や生活問題を抱えている。どこで暮らすのかについて不本意な選択をしなければならない事態を解消する必要がある(第三章)。

原災は現実として避難を強制し、内国避難民を一〇万人規模で生み出している。空間放射線量が低減してきているのに、なぜ避難住民は帰還しないのか。それは原発を推進するために国・企業・科学者が構築した「安全」神話が崩壊したことにある。それは「安全」神話が直感的とも思われる「安心」とつながっていなかったことに国民・県民・住民が気づいたからである。科学的な「安全」基準と国民の「安心」とが邂逅するためには、どのような努力が必要なのであろうか。特に科学者には「安全」の側から「安心」を語るのではなく、「安心」の側から「安全」を語ることが求められている(第四章)。

そうした語りをどのようにすればよいのであろうか。地域の復旧・復興という現実的政策課題に地理学の出番はあるのだろうか。地理学の「強み」は自然と人間との関係性を大地という場において語ることにあり、地域性を制度設計にどれだけ盛り込めるかがその試金石となる。東日本大震災の被災地といっても、当然、岩手県・宮城県・福島県ではそれぞれ異なった困難を抱えている。特に福島県は原災を直接的に受けており、避難指示区域の設定による地域分断、復興ビジョン・計画策定における遅れが目立つ。地理学はこれにどのように取り組んでいくべきかを提示しなければならない(第五章)。

「原子力災害と南相馬市復興ビジョン」は、そうした取り組みへの私自身のささやかな回答である。ここでは委員長として関わった南相馬市復興ビジョン市民会議等での議論を紹介する。被災者市民の思いをどのように引き出し、いかにビジョンとして表現し、表現されてきたのか、復旧・復興はどのような視点で進めるべきなのか、そのなかで地域性をとらえることができると思っている(第六章)。

地理学は「地域」を研究対象としている。「地域」概念というフレームから地域の現実問題をどのようにとらえればよいのであろうか。「避難指示区域の地理学的意味」では、地理学の基本概念である「形式地域」と「実質地域」との関係を論じている。「行政区画は形式地域」と「汚染度分布は実質地域」とはいうが、避難指示区域という形式地域としての行政区画は、住民に対して強制力をもち、実質地域としての意味をもっている。それは原子力賠償においてもこの地域区分が、「実質」としての賠償の有無や賠償金の格差をもたらしていることからもわかる(第七章)。

とはいえ、地域復興という現実に立ち向かうには、「地域」概念をいじっているだけでは不十分である。「地域」そのものを再構築するための方法論が必要である。「原災地域復興支援の四ステップ」は、原災によって空白化した地域を復興するためには、まずは放射能除染、次いで生活インフラの再構築、さらに人間共同性の紐帯ケアが必要で、地域社会が持続可能性をもつためには雇用の確保が必要である。こうした四ステップは単線的なステップではなく、雁行性・重層性をもたせた復興でなければならない。それはまさに「地域性」認識そのものである(第八章)。

「復興支援の四ステップ」は実際にはどのようになっているのか。未来支援センターがいち早くサテライトをおいた川内村の動きに当てはめてみたのが「川内村全村避難からの帰村宣言」(第九章)である。川内村は双葉八町村ではいち早く帰村宣言をし、双葉地域復興のモデルとして期待されている。放射能の除染、生活インフラの再構築、人間共同性の紐帯ケア、雇用の創出といった四ステップを踏みながら進められている。

川内村よりも大きな人口規模を持つ被災地における民間レベルでの復旧・復興へ取り組みはどうなっているのであろうか。民間レベルの取り組みとして、地震被害の須賀川中心商店街、原災の一部避難としての原町商工会議所、原災の完全避難としての浪江商工会の三つの事例を検討すると、地域再生に向けた困難さと逞しさとが浮かび上がってくる。震災だけであれば地域再生は可能であるが、これに原災が加わると極めて厳しい壁に直面する(第一〇章「東日本大震災・原子力災害と商店街の対応」)。

この厳しい壁をどのように突破していくのか。まずはエネルギー政策の根本的な転換、すなわち「原子力エネルギー」から脱して「再生可能エネルギー」を基軸とする政策への転換が必要である。原発立地推進のかなめである電源三法交付金制度の見直しが必要となる。太陽光発電など再生可能エネルギーの固定買取価格制度の導入はその転換のスタートであり、それはエネルギー利用だけでなく生産様式や生活様式の全面的な見直しへと進まなければならない（第一一章「脱原発と地域経済の展望」）。

われわれは原災地復興に何を求めようとしているのか。それは被災者にとって「当たり前」の生活を取り戻すことである。それは国や産業界が「創造的復興」を主張しているのとは対照的である。もちろん被災地は以前の状態に戻ることはできない。人が生きていくためには「地域アイデンティティ」が必要である。このことが「絆の復活」ということで再認識されている。そこにはまさに地理学が果たさなければならない任務がある（第一二章「地域アデンティティの再構築に向けて」）。

三・一一はわれわれに何を問いかけているのであろうか。災害からの復旧・復興という視点からすれば、被害がこれからも累積するという問題である。放射能汚染の除染は簡単ではなく、内国避難民化している被災者は、帰還を強く望めば望むほど「仮の生活」を町外コミュニティにおいて続けざるを得ない。分断された人の絆は「先の見通し」が立たなければ容易には再成できるものではない。その「先の見通し」を立たせるためにも、原災が人災であることを認識し、「原子力に依存しない社会づくり」の方向性を明確にすることが大切である（第一三章）。

本書の内容は、そのほとんどが未来支援センターの活動成果に依拠しています。特に本書は直接的には副センター長の初沢敏生人間発達文化学類教授、産業復興支援部門長の小山良太経済経営学類准教授、地域復興支援部門長の丹波史紀行政政策学類准教授などによる調査・支援・活動実績に依拠してできあがったといっても過言ではありません。私の専門が経済地理学ということもあり、環境エネルギー部門及び子ども・若者支援部門の諸先生方の成果を十分に吸収できているわけではありませんが、帰還・復旧・復興における自然と人間との関係における循環性の再構築や、人間と人間との関係における心の共同性の再構築のあり方について、多くを学ばせていただき、本書の基本的な考えのトーンづくりに大変参考となりました。

本書は後に掲げる小論によって構成されているわけですが、その小論自体はすでに述べました未来支援センターの活動業績や福島県復興ビジョン検討委員会、南相馬市をはじめとする福島県内市町村の復興ビジョン・復興計画の策定、さらには総合計画の策定における県民・市民・有識者との意見交換の影響を強く受けています。特に「原子力に依存しない社会」という基本理念の構築は、原災避難者の思いにとどまらず、人類的課題の転換を提起するものであり、その場に立ち会った責任をひしひしと感じています。この基本理念はふくしまという場における県民・市民と行政と研究者・専門家との協働による貴重な民主主義の成果であります。

県民・市民協働に大学教員や研究者がどのような距離感でかかわっていくのかは、それほど簡単なことではありません。しかし三月末まで勤務した福島大学は、福島県内唯一の国立大学として調査研究や地域づくりなどにおいて長く地元との交流の実績があります。そこでは一方交通ではない関係性を築いてきており、原災地の復旧・復興へのかかわりも決して肩肘の張るものではなく、当然のものとして大学関係者には受けとめられていました。私が長を勤めた未来支援センターの活動も、原災があったからではなく、原災以前からの交流に新たな課題が付加されたという「程度」で、あるがままに進んだのです。

大学教員は県民・市民であるとともに学術の世界に身を置いており、国民・県民・市民からは学者・研究者・専門家としての役割を強く期待されています。本書の執筆にあたっては、経済地理学会・日本地域経済学会・日本地理学会・日本都市学会など経済地理学に直接かかわる学会での報告・議論だけでなく、経済理論学会・基礎経済科学研究所・コミュニティ政策学会・災害復興学会など、これまで直接かかわりがなかった学界での報告・議論、さらには私が会員として所属する日本学術会議の学術フォーラムでの議論や東日本復興支援委員会福島復興支援分科会での「緊急提言」づくりなど、幅広い意見交換の経験を活かすことができました。

本書は二〇一三年三月末の福島大学定年に向けて、それまでに公表した小論を取りまとめる目的で準備したものですが、福島大学うつくしまふくしま未来支援センター長としての勤務との関係で、その取りまとめが遅れてしまいました。幸いなことに、福島大学の刊行助成を得ることで出版にこぎつけることができました。出版助成の申請にあたっては、福島大学学長特別補佐で現センター長である中井勝己教授によるご理解と副センター長の山崎裕一事務室長の実務的なご支援をいただきました。また桜井書店の桜井香さんには、本書の構成だけでなく、誤字脱字の多い原稿を丹念に直していただきました。そして最後の感謝は「原発社会を憂う」妻の玲子に捧げます。定年後も多忙な日々を送ることができているのは彼女の支えがあってことです。

二〇一一年三月一一日から二年半が過ぎようとしています。本書が「原子力に依存しない社会」としての原災地ふくしまの復旧・復興に何らかの貢献ができれば、幸いです。

二〇一三年八月二五日

東北新幹線のなかにて

最後に、本書のもととなった収録小論の初出と、収録できなかった小論の一覧を掲載しておきます。

［収録小論初出］

◉ **はじめに**……「原災福島の復旧復興と支援活動―福島大学うつくしまふくしま未来支援センターの活動―」『時習の灯』二〇一二秋号、九―一一ページ、二〇一二年一一月。

◉ **第一章**……「東日本大震災の特性と復旧・復興に向けた七原則」『経済地理学年報』第五七巻第三号、五九―六一ページ、二〇一一年九月、及び「はじめに」『FURE（福島大学うつくしまふくしま未来支援センター）ニューズレター』第一号、二〇一二年一〇月。

第二章……「原発なきフクシマへ―なぜ復興ビジョンに脱原発を掲げるのか」『世界』第八二九号 二一九―二二九ページ、二〇一二年四月。

第三章……「原子力災害と福島復興の苦悩」『学術の動向』第一八巻第二号、五二―五七ページ、二〇一三年二月。

第四章……「帰還・復旧・復興への社会技術的課題―FUKUSHIMAからの問いかけ―」『学術の動向』第一七巻第八号、二六―三一ページ、二〇一二年八月。

第五章……「地域復旧・復興と地理学―FUKUSHIMAからの視点―」『歴史と地理』第六四八号、二七―三七ページ、二〇一一年一〇月。

第六章……「原子力災害と南相馬市復興ビジョン」『地理』第五六巻第一〇号、三四―四〇ページ、二〇一一年一〇月。

第七章……「原発破綻がもたらす避難区域の地理学的意味」『地理』第五七巻第五号 六五―七一ページ、二〇一二年五月。

第八章……「原災地域復興支援と地理学の役割」『地理』第五七巻第九号、五〇―六四ページ、二〇一二年九月。

第九章……「全村民避難からの帰還と復旧・復興へ―川内村の帰村宣言」『日本の科学者』第四七巻第一二号、三四―三八ページ、二〇一二年一二月。

第一〇章……「東日本大震災・原子力災害と商店街の対応」『商工金融』第六二巻第一一号、五―二七ページ、二〇一二年一一月。

第一一章……「脱原発と地域経済の展望」『地域経済学研究』第二四号、三八―五一ページ、二〇一二年七月。

◉第一二章…「地域アイデンティティの再構築に向けて—経済地理学からの接近—」『学術の動向』第一六巻第三号、七—七四ページ、二〇一一年三月。

◉第一三章…「未来支援センター長一年八か月を振り返って」『福島大学うつくしまふくしま未来支援センター（FURE）年報二〇一二年度』三—一〇ページ、二〇一三年三月。

◉おわりに…「被災地レポート—福島から—」『時習の灯』二〇一一夏号、二—三ページ、二〇一一年八月。

［未収小論］

◉「原災地域復興グランドデザイン考」後藤康夫・森岡孝二・八木紀一郎編『いま福島で考える』桜井書店、一五三—一六六ページ、二〇一二年一〇月。

◉共著（吉田 樹）「福島県における復興計画まちづくりの課題」『建築雑誌』第一二八巻第一六四〇号、三〇—三五ページ、二〇一三年一月。

◉「エネルギー政策の転換と地域経済」『地理』第五七巻第一号、三〇—三九ページ、二〇一二年一月。

◉「うつくしまふくしま未来支援センターの目的と活動—原発なき「ふくしま」をめざして—」福島大学原発災害支援フォーラム×東京大学原発災害支援フォーラム著『原発災害とアカデミズム—福島大・東大からの問いかけと行動—』合同出版、二五四—二六七ページ、二〇一三年二月。

◉「東北の地域再生と観光資源」『季刊 観光とまちづくり』五〇五号、二二—二三ページ、二〇一一年一一月。

〔未収講演録〕

◉「東日本大震災からの復旧復興のために―うつくしまふくしま未来支援センターの活動―」『月刊東京』第三三五号、二一―二〇ページ、二〇一二年六月。

◉「復興ビジョンとまちづくり―東日本大震災からの復旧・復興―」『平成二三年度まちづくり講習会講演録』福島県都市計画協会、一―二三ページ、二〇一一年一二月。

◉「うつくしまふくしま未来支援センター設置にあたって」『CERAレター』第二二号、一ページ、福島大学地域創造支援センター、二〇一二年一月。

◉「巻頭言　大震災・原子力災害と福島大学未来支援センター」『商工金融』第六二巻第五号、一―二ページ、二〇一二年五月。

◉「FUKUSHIMA復興支援から見えてくること」『経済科学通信』第一二七号、四六―五四ページ、二〇一一年一二月。

目次

第一章

震災&原災に
どう向き合うか

1　復旧・復興に向けた七原則

経済地理学の視点

三月一一日に発生したマグニチュード九・〇の二〇一一年東北地方太平洋沖地震は、未曾有でしかも広域的かつ重層的な災害をもたらしている（以下、東日本大震災）。その第一の特性は被災そのものが都市型・狭域型の阪神淡路大震災とは異なり、農漁村型・広域型であることである。第二の特性は大震災直後に太平洋沿岸部を襲った最波高が一九メートルに達する大津波による壊滅的な被害である。被災地域では死者一万五八八三人、行方不明者二六八一名を出し、家屋全壊一二万八八〇八棟、半壊二六万九八七一棟がもたらされた。[1] 農地は二万四〇〇〇ヘクタールが流出・冠水し、[2] 漁船の被害数は一万八九三六隻、被害漁港数は三一九漁港にのぼった。[3] 東日本大震災の被害総額は内閣府により約一六兆九〇〇〇億円と推計（二〇一一年四月二四日）されている。[4] 特に被害の大きかった岩手県・宮城県の沿岸部は第一次産業及び関連産業に依存する比率が高く、被災住民は生命や住居のみならず、生活と雇用の基盤が一挙に奪い去られた。

こうした人的・物的被害の甚大性と広域性、分散性のために、ボランティア活動による救済の取り組みや国・県・市町村による復旧・復興への取り組みが著しく遅れた。被災二五か月後の二〇一三年四月においても約三〇・九万人が避難・仮設生活を余儀なくされている。[5] 今回の大震災がもたらした特性で最も強調しなければならないのは、地震及び津波によって福島第一原子力発電所が破綻し、炉心溶融や水素爆発による放射能汚染や放射線被害が周辺地域や周辺海域に及び、しかも二〇一三年四月時点においてなお事故処理が終わっていないことである。

福島県内における被害の特性は、その被害の大きさと際立つ地域性にある。その地域性を規定する主要因は、原発破綻から生じた放射線量を想定した区域設定にあった。原発事故直後に国の原子力対策本部より指示されたのは、第一には第一原発を中心とする半径三キロメートル圏であり、警戒区域が設定された。第二は原発二〇キロメートル圏であり、当初は屋内退避指示として、その後原子力災害対策特別措置法の規定に基づく警戒区域として指示され、強制的な避難を求められた。第三は半径二〇〜三〇キロメートル圏で設定された緊急時避難準備区域である。これは屋内退避区域に設定されている地域の中で、計画的避難区域に該当していない地域であった。第四は計画的避難区域であり、これは半径二〇キロメートル圏外で年間累積放射線量二〇mSv(ミリシーベルト)以上の地域が指定された。この結果、双葉郡内八町村すべてと飯舘村全域、南相馬市・田村市・川俣町の一部が制限区域に指定されたのである。

原発破綻による外部に放出された放射性物質は、風向きや地形の影響による濃淡はあるものの、福島県浜通りのみならず中通り、さらには県外へと広範囲に飛散し、放射線被曝への不安が広がった。いわき市や福島市、郡山市など比較的離れた地域の住民も、土壌等に蓄積された放射能からの被曝を恐れ、特に乳幼児や児童・生徒などを抱える人たちが北は北海道から南は鹿児島に至るまで広域的に避難した。また南相馬市の住民のように仕事の都合や避難生活疲れなどから地元に戻ってきているものの、飯舘村や川俣町では計画的避難区域外への流出があり、当初、福島県人口の社会減は一八万人を超えると予想された。

原発事故収束の遅れは事故直後における福島県民の精神衛生を「うつ的な茹でガエル」状態においた。

それは原発破綻状況にかかわる情報がもたらされるたびに、「やっぱりそうだったのか」「まだ何か隠されているのではないか」「いったいなんでこうした状況が続くのか」「先の見通しが立たない」「しかし生活のために離れられない」などの重苦しさを味わされた。それは二〇一三年四月時点においても変わらない。

原子力災害(以下、原災)から帰還・復旧・復興を考えるにあたり、福島県内での原発事故以前における地域調査の経験と原発事故以降の被災者への支援活動を踏まえて、その考え方を七つの原則として提示したい(6)。

第一は「被災者・避難者に負担を求めない」原則であり、これは東京電力と国による全面的な被害補償と包括的な生活支援のみならず、資産価値ゼロや職住に関わる多重ローン問題に対する事業及び生活再建への一〇〇%支援を内容としている。

第二は「地域アイデンティティ再構築」原則であり、原状復帰と原風景再生を進めるためにも地域固有の伝統的価値の保持やコミュニティを基軸とした地域の再生が重要である。

第三は「歩いて暮らせるまちづくり」原則であり、高規格の交通・通信体系等の広域的社会資本の整備とともに、オンデマンド型地域公共交通といった身近な社会資本の整備を行い、高齢社会における日常消費生活・医療・福祉に関するワンストップサービスの確保が求められる。

第四は「共同・協同・協働」原則であり、これには復興における「民」の自主性・内発性の重視、新しい公共としての公設民営方式の推進、そして産学官民による協働・連携の促進が必要である。

第五は「安全・安心・信頼」原則であり、当然のこととして、原発の事故・被害・予測・収束情報の完全開示、廃炉計画と放射性廃棄物処理計画の明示が求められるとともに、耐震・耐津波・原発安全基準の見直しとソフト防災の重視を強調したい。

第六は「産業グリーン化」原則であり、これのためには先進的産業の育成と産業のグリーン変革、そして地域資源（農業・漁業・林業）の保全管理と「地域という業態」（農商工＝第六次産業）の創出、さらに地域産業変革を担う創造的人材の育成などを欠かすことはできない。

第七は「脱原発・脱石油エネルギー」原則であり、原子力エネルギーから再生可能エネルギーへの転換を大前提とし、低炭素社会に向けた人口還流の促進やエネルギー節約の生活様式の確立などが重要である。(7)

2 福島大学うつくしまふくしま未来支援センター運営の視点

二〇一一年三月一一日に発生した太平洋沖地震と巨大津波は、大震災として東日本地域に大きな被害もたらした。福島県にとっての深刻さは、震災を契機に東京電力福島第一原子力発電所が炉心溶融し、水素爆発等により大量の放射性物質が外部に放出され、海洋・大地が汚染され地域住民が原子力災害難民化したことである。私が二〇一三年三月末まで勤務していた福島大学では、震災&原災の直後から避難住民を体育館に受け入れ、教職員・学生ボランティアの協力により避難者支援を行った。またいち早く空間放射線量を測定し、マップとして公表するなど、喫緊の課題に迅速に対応してきた。

こうした活動をもとに、福島大学は地元国立大学としての役割を積極的に果たすべく、二〇一一年四月に福島県内の震災&原災地域の復旧・復興を支援するという意思決定を行い、同年七月には「うつくしまふくしま未来支援センター」を設立した。未来支援センターの目的は、「東日本大震災及び東京電力福島第一原子力発電所事故に伴う被害に関し、生起している事実を科学的に調査・研究するとともに、その事実に基づき被災地の推移を見通し、復旧・復興を支援する」ことにある。ここで強調されたのは、未来支援センターの理念は地域の復旧・復興に寄り添う「支援センター」であり、学術研究を第一義とする「研究センター」ではないことである。支援に関する調査や研究などには、現地の住民と共に行うという協働を徹底するだけでなく、県内各支援センターと連携しつつ、国内外の叡智を結集する不断の努力が求められる。そのためには何よりも未来支援センターにかかわる人たちが活き活きと活動できなければならない。

未来支援センターは四つの部門とそのもとに九つの担当(プロジェクトチーム)に四〇名を超えるセンター員を配置している。この人員配置には地域からの強い支援要請を反映させた。またＪＩＣＡ(国際協力機構)や東邦銀行からも人材派遣を受けている。各担当は専門性に応じて、被災した子どもや若者の学び、自立への支援、仮設・借上住宅等での絆づくりやコミュニティ再生、農産物風評対策としての農地詳細放射線マップの作成やユビキタス的食品検査体制の提言、放射能で汚染された自然環境を回復させるための土壌分析支援、原子力ゼロに向けて代替として期待される再生可能エネルギーの計画策定や導入支援、などを行っている。私自身も微力ながら、世界的な注目を集めている「原子力に依存しない社会」を理念として掲げる「福島県復興ビジョン」策定に直接かかわった。

未来支援センターの活動のもう一つの特長は「現場」主義の徹底にある。そのために二つのサテライトを、地震・津波の被害だけでなく原災警戒区域等の設定により地域が三つに分断されていた南相馬市と、いち早く帰村宣言を行った双葉郡川内村に置いた。特に川内村サテライトには担当者二名のほか村での常駐者三名を配置し、総合計画・復興計画づくり、内部被曝調査、買物環境調査、帰還環境調査などの支援活動を精力的に進めている。

震災&原災被災者への支援は、地域的な段階差を持ちながらも、重点が避難生活から仮設生活、そして「仮の町」生活へと移ってきている。新たな課題やニーズに応じた調査・支援活動も積極的に展開してきた。その展開の活動拠点を整備するために未来支援センター棟が建設(二〇一三年八月竣工)された。またそれまで蓄積してきた災害復興にかかわる知見を教育資源として活用し、災害復興などに積極的に活躍できる人材の育成を目指し、二〇一二年一〇月からは未来支援センターの専任スタッフが中心となり、「災害復興支援学」を福島大学において開講した。教材として整備を図り、その内容を県内外に発信している。未来支援センターは学内措置及び国の支援で出発し、その活動が認知されてきたことで、地方自治体や地域団体や民間企業からも支援が寄せられている。

なお、本書は二〇一一年三月一一日以降に『学術の動向』などに掲載された論文を可能な限り二〇一三年五月時点の現況に修正して収録したものである。同時に原災被災地に低線量被曝を受けながらも、一年八か月センター長として従事した「福島大学うつくしまふくしま未来支援センター」(以下、未来支援センター)での活動記録であり、本書で使われている情報のほとんどは未来支援センターの活動成果に基づいている。

(1)……警察庁「平成二三年(二〇一一年)東北地方太平洋沖地震の被害と警察措置」二〇一三年四月一〇日。

(2)……農林水産省ホームページ「東日本大震災　農業の被害状況」二〇一三年四月二七日。

(3)……農林水産省ホームページ「東日本大震災　水産業の被害状況」二〇一三年四月二六日。

(4)……ロイター・ホームページ「東日本大震災の被害総額は約一六兆九〇〇〇億円、内閣府が推計」(日本標準時二〇一一年六月二四日一〇時〇七分)。なお、内閣府政策統括官室(経済財政分析担当)はストック毀損額を約一六兆円から約二五兆円と推計している。岩城秀裕・是川夕・権田直・増田幹人・伊藤久仁良「東日本大震災によるストック毀損額の推計方法について」〈経済財政分析ディスカッション・ペーパー〉二〇一一年一二月。

(5)……復興庁「全国の避難者等の数」二〇一三年四月一二日。

(6)……この七原則については、東日本大震災・原子力災害発生直後、日本学術会議が東日本大震災対策委員会を立ち上げ、七次に緊急提言を行った。筆者は地域研究委員会の連携会員として第三次緊急提言「東日本大震災被災者救援・被災地域復興のために」(四月一五日)の素案作りに関係し、その骨子は四月二六日開催の日本学術会議主催「東日本大震災からの復興に向けて」において「被災地(福島県)から考える地域再生と震災復興」として報告し、再整理をしたうえで五月二二日開催の経済地理学会ラウンドテーブル「東日本大震災の復旧・復興と経済地理学の課題」において発表した。

(7)……本節は、拙論「東日本大震災の特性と復旧・復興に向けた七原則」『経済地理学年報』第五七巻第三号(二〇一一年九月)、五九―六一ページを一部修正したものである。

第二章

なぜ復興ビジョンに脱原発を掲げるのか

三・一一東日本大震災から二年が経過した。世界史上で最大級といえる巨大地震、日本では一千年来という巨大津波、複数の原子炉が同時に破綻した未曾有の原発事故により、青森県から千葉県までの太平洋岸の広い範囲に大きな被害がもたらされた。特に福島県は、東京電力福島第一原発の原子炉破綻により大量の放射性物質が外部に放出され、浜通りや中通りでは警戒区域や計画的避難準備区域が指定されるなど、生活圏域が放射能により汚染され、住民が避難せざるをえない状況にある。本章では地震・津波・原発事故・風評という「四重被害」を受けているふくしまがどのような困難に直面しているのかを考えたい(1)。

1 人間から自然を奪った原発事故

原発の破綻による大量の放射性物質の外部への飛散は、他の震災、すなわち地震や津波とは異なり、基本的に人災である。人為的に管理できない原子力というパンドラの箱を「平和利用」という名目で開き、「安価」な「準国産」エネルギーを確保するという経済政策のもとで、国策として積極的に推進されてきた(2)。原発は核反応の過程で発生する熱で蒸気を作り出し、タービンを回して電力を生産するが、同時に高濃度の放射性廃棄物やプルトニウムが生産される。高濃度の放射性廃棄物は各地の原発敷地内や六ヶ所村の再処理工場に中間貯蔵されており、最終処分場は決まっていない。再処理であれ、中間貯蔵であれ、最終処分であれ、人為的に生産された放射性物質は永久に管理され続けなければならない。その処理・貯蔵・処分地は、人類が二度と利活用できないオフリミットの土地、空白の地帯を作り出すことになる。またプルトニウムもプルサーマルでの活用や高速増殖炉が稼働しないことから、溜まり続けることになる。

原発事故により、甲状腺に溜まりやすいヨウ素131(半減期約八日)や、筋肉に溜まりやすくセシウム134(半減期約二年)とセシウム137(半減期約三〇年)が大量に放出された。大地が放射能で汚染され、低線量被曝による健康への影響が危惧されている。放射能汚染や空間放射線は五感でとらえることはできないので、放射性物質で汚染された地域の住民は、言葉では表現しづらい不安を低線量長期被曝に持ち続けている。国から指定された警戒区域等の住民は強制避難を余儀なくさせられ、農業者は農地の汚染によって農産物の生産・出荷を断念させられ、子どもは低線量被曝への恐れから外で遊ぶことが厳しく制限されている。このように放射能汚染は人間生活から自然環境を分断し、生活空間を空白化している。健康不安は高濃度汚染地域に限定されているわけではない。原発事故は生存にかかわる地域の自然的基盤を、人間から完全に奪い去っているのである。

2 人間共同性の分断

人間の共同性は放射能汚染により何重にも断ち切られ、修復不可能な状況に追い込まれている。人間共同性の分断は、まず家族の分散的避難にみられた。家族の分散的避難は、夫婦間に放射線の影響やそのとらえかた、そしてその行動に行き違いを生んでいる。母親は子どもを被曝から空間的に隔離するために、たとえ警戒区域等以外であっても直感的あるいは反射的に、遠隔地に避難しようとした。

父親は職場などとの関係からそれに同伴できなければ、ふくしまにとどまり、単身赴任となる。家族における高齢者世代、子育て世代、若者世代といった世代間のすれ違いも生まれ、避難のありかたや帰還への意向の違いに反映している。避難以前、この地域には広い戸建て住宅での多世代同居が多くみられた。高齢者世代は地元帰還を望みながら、避難生活が長期化するなか「避難所から仮設住宅」への移動により二次被害として健康を害することで、介護施設等への移動を余儀なくされている。子育て世代は子どもの被曝を憂慮し、一定の収入や預貯金がある場合は、避難所から仮設住宅ではなく民間アパートなど借上住宅に移動している。いずれにあっても自宅のような広い居住空間は確保できておらず、以前のような安寧の暮らしができていない。

福島大学災害復興研究所が二〇一一年九月～一〇月にかけて実施した福島県双葉郡八町村全世帯に対する悉皆アンケート調査（回収率四八％）によると、「今後の生活での困りごと」の上位には、「避難の期間がわからないので何をするのか決められない」五八％や「今後の住居に関してどこに移るか目途が立たない」四九％などがあがり、「放射能の影響がないか心配」四七％を上回っている［**図2-1**］[3]。

同時に健康被害・二次被害も進んでいる。先のアンケート調査によれば、過去二週間ほどで「ぐっすりと休め、気持ちよく目覚めた?」との質問に対して、「いつも」「ほとんどいつも」「半分以上の期間を」と肯定的に回答した比率は約四分の一にとどまり、七割強は「半分以下の期間を」「ほんのたまに」「まったくない」といった否定的な回答であった。また「日常生活の中に、興味のあることがたくさん

［図2-1］双葉8町村住民の「今後の困りごと」

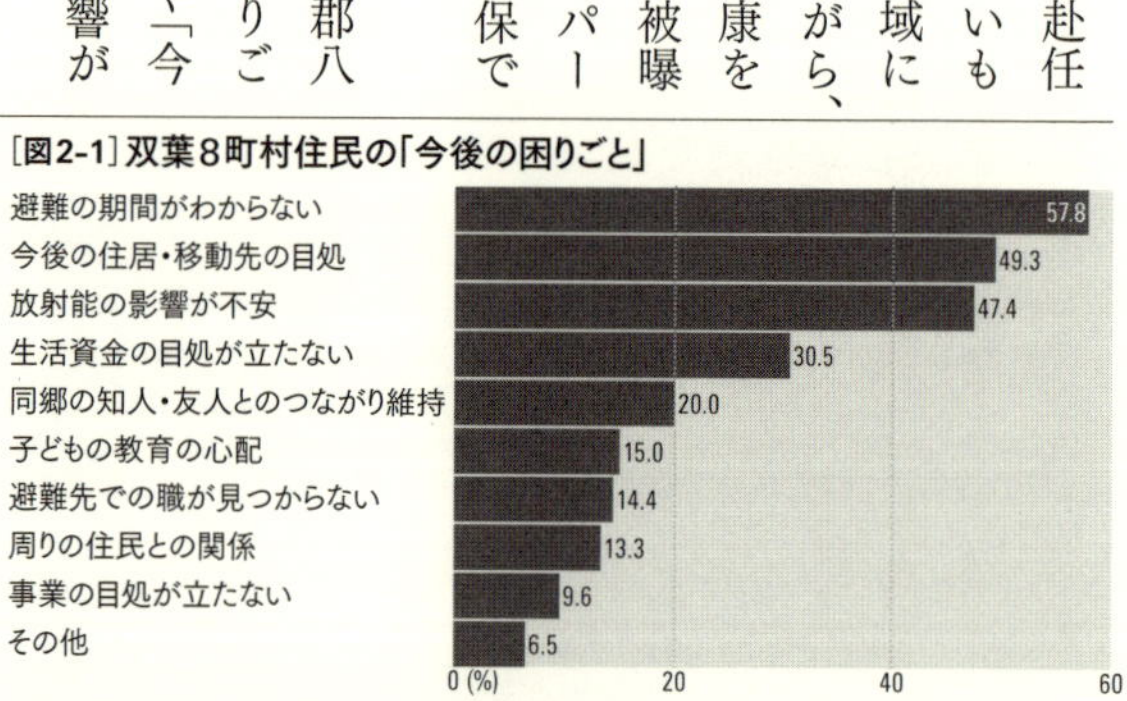

❖出所：福島大学災害復興研究所編「双葉８か町村災害復興実態調査」
❖調査期間：2011年9月～10月　❖調査対象：双葉郡8町村全2万8184世帯、回収率48％

あった？」との質問には、肯定的な回答が一七％に落ち、否定的な回答が八割弱に上がっている。性別、年齢別、居住形態別でみると、肯定的な回答率が相対的に高いのは、女性、親戚・知人宅、一〇歳代、自己負担賃貸、二〇歳代、五〇歳代であり、逆に否定的な回答率が高いのは避難所、三〇歳代、四〇歳代、仮設住宅などである。否定的な回答率が高い属性は、心身におけるストレスが相対的に強いことの反映であり、それぞれの属性に応じた支援が必要とされている［**図2-2、図2-3**］。

人間の共同性の寸断は人々の絆としての地域共同性の寸断へと及んでいる。それは何よりも避難行動の状況に表れている。原発事故は特に原子炉建屋が水素爆発で破壊されたことをきっかけに、被災地の人々に「出られる人から出る」という行動をとらせ、マイカーによる家族単位での自主的避難が進んだ。突然のことでもあり、避難先のあてや情報が少ないなかで、親族を頼るあるいは自治体等が発信するインターネット情報などを頼りに、蜘蛛の子のように逃散していった。警戒区域に指定された自治体などでは、その後バスによる集団的な避難を始めた。しかし例えば川内村のように受入先の収容力を上回る富岡町の避難者を受け入れることになったり、あるいは受入自治体そのものが避難指示区域になったりしたことで、集団的避難そのものが行きあたりばったりにならざるを得なかった。同様なことは南相馬市と飯舘村、浪江町・双葉町と川俣町でも生じた。

避難生活においては人と人の絆が必要とされたとしても、避難所から仮設住宅への受入体制がそれに間に合わなかった。当初、仮設住宅への入居は生活弱者が優先され、ところによっては入居者が高齢層に偏る状況が生まれた。仮設住宅は土地の問題もあって交通の不便な地に設置されている場合もある。そうしたところでは働き盛りの世代が子どもの教育や仕事などを考慮し、交通がより便利な民間賃貸住宅を選択する傾向がみられた[図2-4]。仮設住宅に比べて民間借上住宅は、居住形態が分散的であるため避難前の地域社会の絆を維持することが困難となった。集団居住型の仮設住宅では一定の集団性が確保され、時間がたつことで暫定的な自治会が生まれ、行政サービスを比較的多く受けることが可能になる。しかし民間借上住宅での避難者の居住形態は分散性が強く、特にインターネットなどを活用できない高齢者世帯においては、行政サービスを受けることが遅れている。また福島県内であればマスコミによる地元紙やテレビ・ラジオからの情報は得やすいが、県外においてはそうした行政情報や行政サービスを受け取ることが困難となる。

共同性の分断は「とどまった人」と「出た人」との間にもみられる。「出た人」は放射線被曝を避けるという正当な理由があるにもかかわらず、なぜか「とどまった人」への負い目をもっている。逆に「とどまった人」は、なぜ出なかったのかと自分の行動を責めている。また義捐金や賠償金をもらったかどうか、もらった場合はその金額がいくらなのかによって、隣り合う被災者での意思疎通がうまくいかなくなっている。なぜ被害者同士が互いに負い目を感じ、いがみ合いをきたしてしまうのか。それは原子力災害が人災であることや加害者責任が、なおあいまいにされているからである。「安全神話」と同様に、原発雇用や電源三法交付金制度と「危険な原発立地を選択したのは双葉地区であり福島県だ」とする素朴な悪意とが絡み合い、あたかも加害者ではなく被害者に責任があるという「空気」が蔓延させられている。

こうした「空気」としての風評は、被害者自身が被害意識を抹消させようとする危険な社会心理を生み出す。その捻じ曲げられた社会心理は抹消の対象をふくしまという地域アイデンティティに向けて

[図2-2] 双葉8町村住民の健康状態「ぐっすりと休め、気持ちよく目覚めたか」

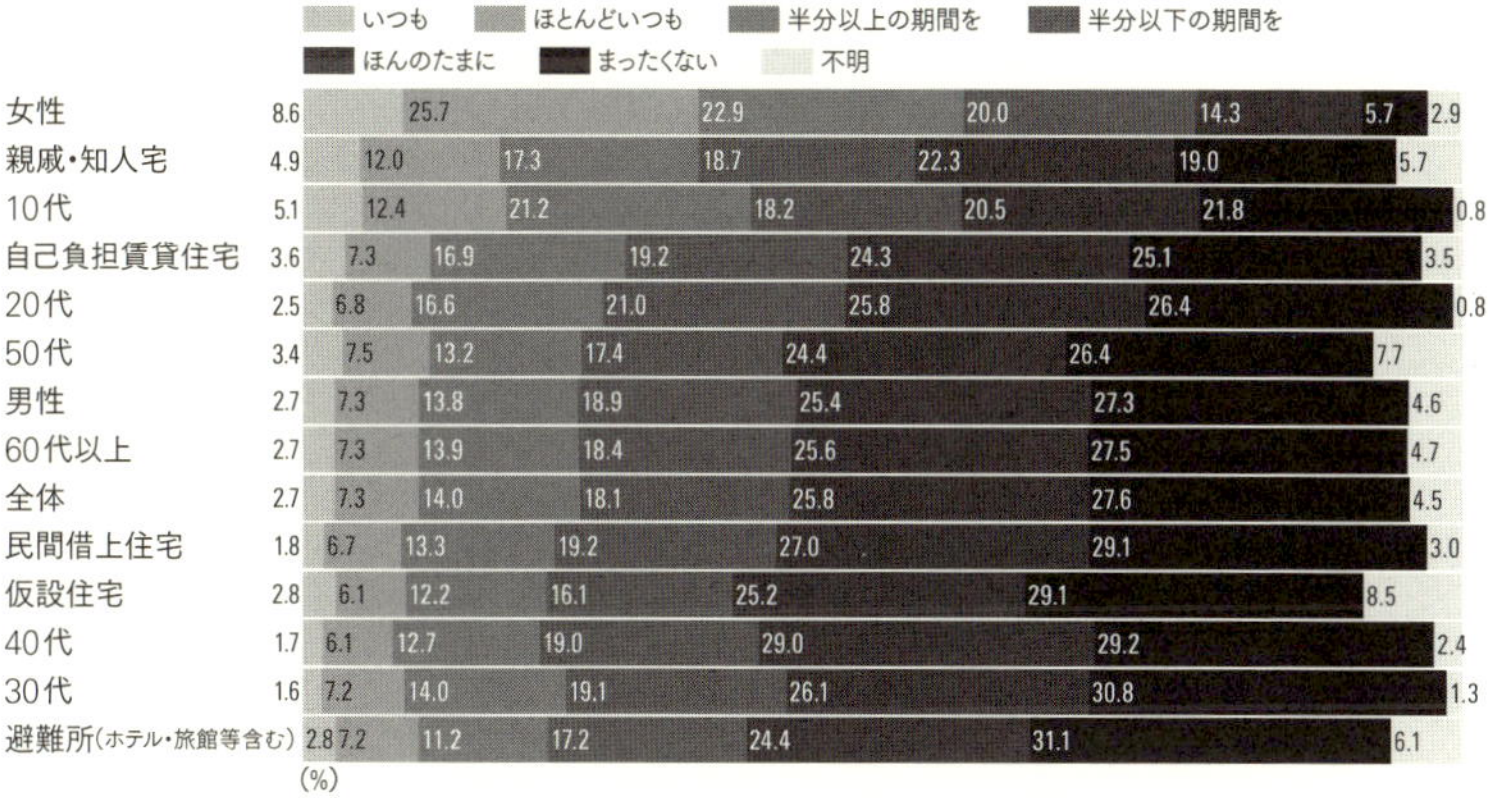

[図2-3] 双葉8町村住民の健康状態「日常生活の中に、興味あることがたくさんあったか」

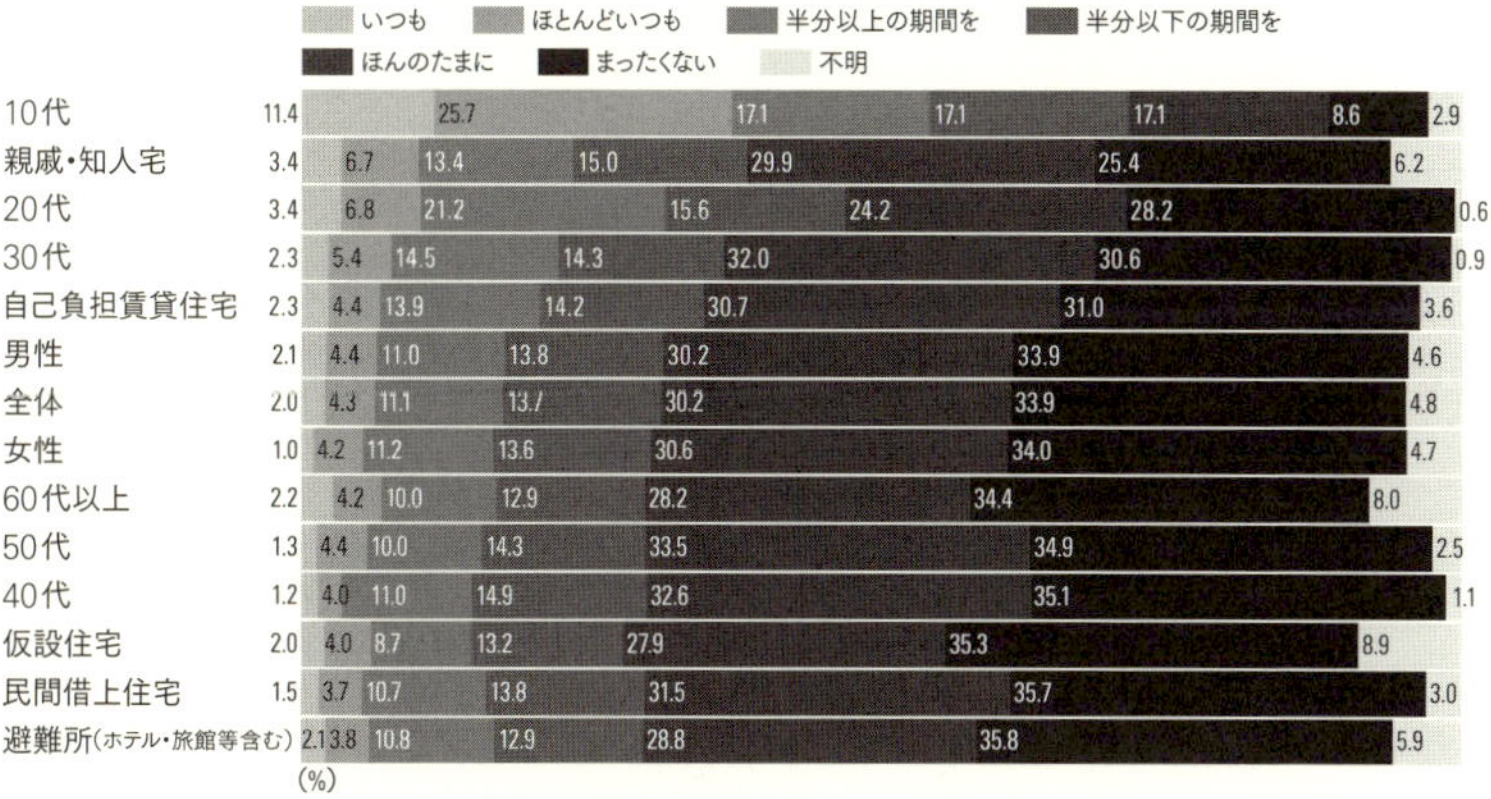

[図2-4] 双葉8町村住民の年齢別避難生活居住形態

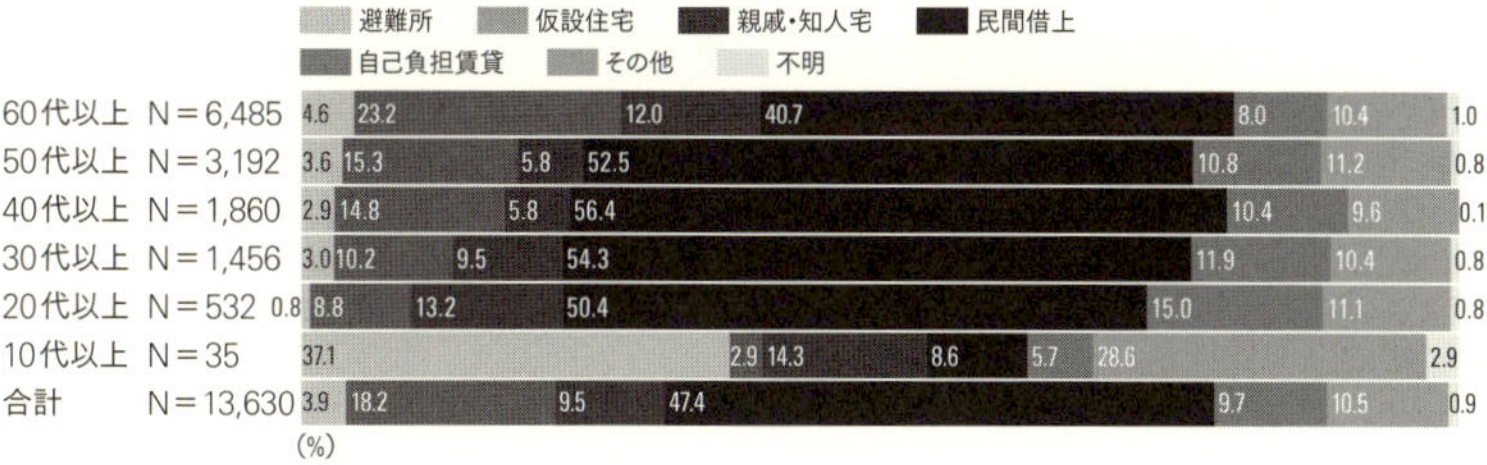

上記すべて　❖出所:福島大学災害復興研究所編「双葉8か町村災害復興実態調査」
❖調査期間:2011年9月〜10月　❖調査対象:双葉郡8町村全2万8184世帯、回収率48 %

いる。それは県外への避難者であれ、県内での避難者であれ、また在留者であれ同じである。地域アイデンティティを否定する心理的攻撃は、自らのルーツとしてのふるさとを消滅させ、人間としての尊厳を奪い去るものにほかならない。ふくしまという地域アイデンティティを消滅させるとは、そこに生まれ、育ち、学び、働き、暮らす人たちの基本的な生存条件を奪い去ることにつながる。

3　急減する人口と帰還の条件

ふくしまにとって最も深刻な被害は、多くの県民が放射能汚染を避けて県内外に避難し、居住人口が減少していることである。二〇一一年一二月一日現在、福島県内での総避難者数は九万六〇〇〇人である。避難先は郡山市や福島市などがある中通り地区が四万二六八六人で最も多く、いわき地区の二万七八九九人、相馬市や南相馬市などの相馬地区一万七六一〇人などが続く。居住形態別の避難先は借上住宅が最も多く六万三一三一人であり、仮設住宅は三万一二一一人、公営住宅等は一四一〇人であった。県外避難者数は一二月一五日現在で六万一六五九人である。都道府県別で最も多いのは山形県一万二九四五人であり、これに東京都七四二一人、新潟県六六九二人などが続いている。震災当初と比べると新潟県が減少し、山形県が増加している。山形県は福島市などに通勤が可能であることが背景にある。

福島県の人口はかなり減少している。県人口は大震災前の二〇一一年三月一日では住民票ベースで二〇二・四万人であったが、震災後の一二月一日では一九八・五万人となり、九ヵ月間に三・九万人減少した。減少率は一・九五％であり、将来推計人口との関係では五年間の前倒しの状況にある。地区別では双葉地区の減少が最も大きく、七・二万人から六・八万人へと減少し、減少率は五・九三％であった。相馬市や南相馬市がある相馬地区は一二・三万人から一一・七万人へと四・九六％の減少、いわき地区は二・三〇％の減少、福島市や郡山市がある中通り地区は一・六〇％の減少であった。最近の人口推移からは、小学生低学年までは県外への避難、小学生高学年から中学生にかけては県内他地区への避難、そして高齢者層が被災地近くへ帰還する動きなどがみられる。

原発災害で避難した住民が故郷に帰還するには、どのような条件整備が必要なのであろうか。福島大学災害復興研究所が二〇一一年九月から一〇月にかけて実施した「双葉八か町村災害復興実態調査」の結果からみておこう。この調査は双葉八か町村に居住していた被災避難者の全二万八一八四世帯に対して実施されたものであり、回収率は四八％である。調査時点での避難先は福島県内が七割弱で最も多く、関東地方が二割強、その他が約一割であり、北海道から沖縄県まで広範囲に及んでいる。避難先の変更回数は三～四回が五割弱であるが、五回以上も三分の一強あり、避難先を転々と変えざるを得なかったことがわかる。避難先を選んだ理由としては「親戚・知人の近くだから」が三割弱で最も多く、これに「放射能の影響が心配だから」や「職場が近いなど仕事の関係で」がそれぞれ二割強となってい

[図2-5] 双葉八町村住民の避難先と帰還問題

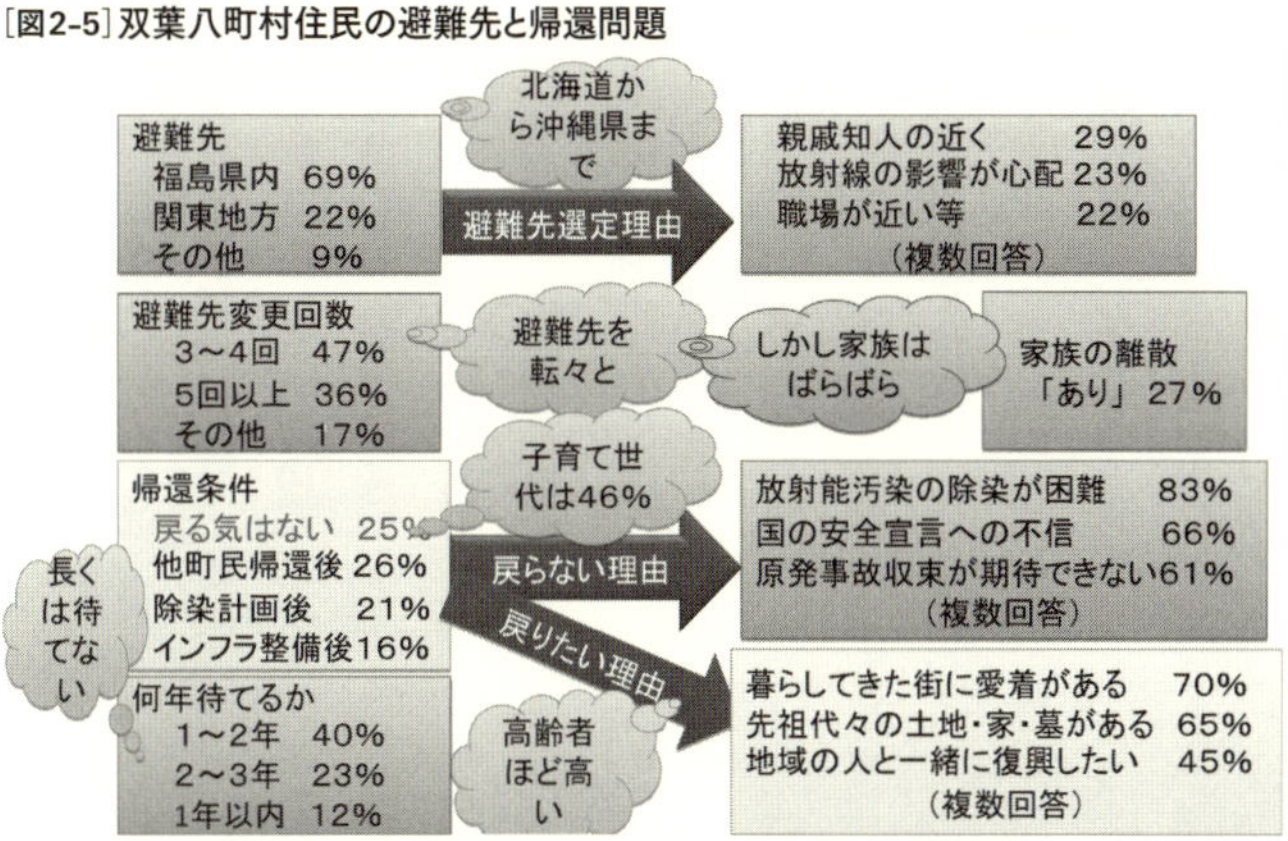

❖出所：福島大学災害復興研究所編『平成23年度 双葉8か町村災害復興実態調査 基礎集計報告(第2版)』2012年2月14日
❖調査期間：2011年9月～10月　❖調査対象：双葉郡8町村全2万8184世帯、回収率48％

る[図2-5]。

深刻なのは震災後の家族の離散状況である。二七%が「離散あり」と回答している。国が指定した警戒区域、計画的避難区域、緊急時避難準備区域、特定避難勧奨地点などのうち、緊急時避難準備区域は二〇一一年九月三〇日に解除され、双葉郡内では川内村の大半と広野町の全域が解除された。双葉郡内避難住民はどのような条件が整えば帰還すると考えているのであろうか。最も深刻なのは「戻る気はない」という回答が四分の一を占めていることである。子育て世代の三四歳以下では、実に四六%に達している。世代が上がるにつれて「戻る気はない」と回答した比率は低下し、六五歳以上の高齢者では一割台となる。戻らない理由を尋ねると(複数選択可)、圧倒的に高い理由は「放射能汚染の除染が困難」であり、それは八割強に達している。また「国の安全宣言レベルが信用できない」「原発事故の収束に期待できない」という理由も六割台にのぼる。比率としては低いものの、「すでに新しい仕事がある」という理由も一割弱ある。

それでも四割弱の避難住民は除染・インフラ整備が進めば帰還すると答えている。帰還まで待てる年数は一~二年が最も多く、約三分の一を占める。これに二~三年が二割強、三~五年が一割強で続いている。高齢者になるほど帰還まで待てる年数は短くなる。帰還したいとする理由は、「暮らしてきた町に愛着がある」と「先祖代々の土地、家・墓地がある」とが、それぞれ六~七割台に達している。逆に年齢が低いほど「いつまでも待つ」という比率が高くなるが、しかし三四歳以下では「戻る気はない」が半数弱に達する。

ともあれ帰還を希望している住民が実際に戻り、生活していくためには収入が確保されなければな

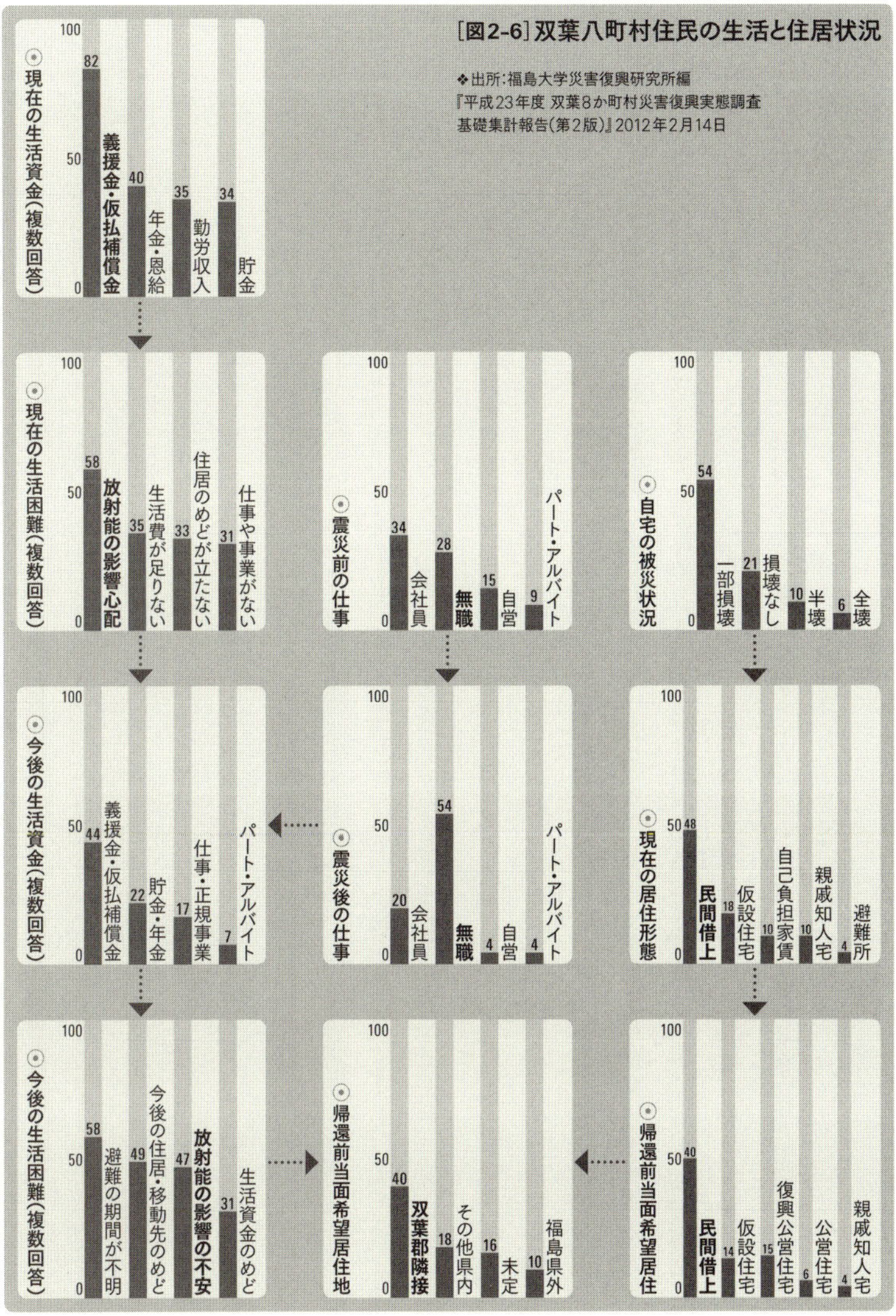

[図2-6] 双葉八町村住民の生活と住居状況

❖出所:福島大学災害復興研究所編
『平成23年度 双葉8か町村災害復興実態調査
基礎集計報告(第2版)』2012年2月14日

らない。現在の生活資金(複数回答可)では、「義援金・仮払補償金」に八割強の避難住民が依存しており、三分の一の避難住民が貯金を取り崩している。高齢者は年金・恩給を生活の糧としており、その比率は四割に達している。仕事の収入がある避難者は約三分の一にとどまり、しかもその多くは公務員や一部の会社員であり、事業収入がある者はわずか二%にとどまる。ただ、現時点で生活上の困難として最も高いのは「放射能の影響が心配」であり(六割弱)、「生活費が足りない」「仕事や事業がない」の約二倍の比率となっている。

帰還のためには生活費だけでなく、住宅が確保されなければならない。調査では回答者の三分の一が「住居のめどが立たない」としている。全壊あるいは半壊により自宅での居住が困難な状況にあるのは二割程度であり、一部損壊が五割強であり、問題は放射能が高く帰還できないことにある。自宅には損壊がなくても、放射能汚染により帰還できない間に、居住に適さない状態になってしまう[以上、**図2-6**]。

国は二〇一一年一二月二八日、放射性物質に汚染された土壌などの廃棄物を保管する中間貯蔵施設を双葉郡内に造ることを福島県知事や双葉郡内八町村長に要請した。この要請は、年間放射線量が五〇mSv以上になる地域を「帰還困難区域」に指定し、さらに一〇〇mSv以上の地域は居住を事実上禁止し、土地の買い上げなどによって用地約三～五平方キロメートルを確保するというものであった。この中間貯蔵施設は二〇一五年度から運用を開始し、三〇年後に福島県外で最終処分すると予定されている。二〇一一年七月時点で、環境事務次官が最終処分施設についての要請を福島県知事に行ったことに鑑みると、中間貯蔵施設はそのまま最終処分施設となる可能性がある。

4 原発事故収束宣言と県民の不安

復興ビジョンや復興計画を議論していくと、最終的には「安全で安心して子育てができる地域」をどのように再生していくのか、というテーマにたどり着く。安全で安心して子育てするための出発点が、原子力事故の真の「収束」であることは論をまたない。野田佳彦首相(当時)は二〇一一年一二月一六日、原発事故収束宣言を発したが、国の見解と被災地感情とは完全にずれている。実態をともなわない「収束」宣言を発した国の狙いは、二つあると指摘されている。第一は「日本産食品の輸入規制措置や海外からの観光客減少が続くなか、収束宣言で風評被害を含む諸外国の懸念や不安を払拭したい」というものである。第二は「年内に除染や避難区域見直しの方向性を示すには、原発が安定状態になったと明言すること」という狙いである。しかし、被災地における事故収束とは、除染を含む原発敷地外での対応がすべて済んでからのことである。その状況の確保こそが住民の安全の基礎となるからである。またしてや事故発生当時よりは大幅に低減したとはいえ、いまだ毎時七〇〇〇万ベクレルとされる放射性物質が外部へ放出されている。首相の収束宣言に対し、県民は不信感をもっている。

国や行政に対する県民の不信感は、放射能汚染状況にかかわる測定情報が小出しにされてきたことや、高濃度の放射能汚染地域を特定できたはずのSPEEDI(4)の情報が住民に提供されず、浪江町民など集団避難者が浴びなくても済んだ放射線に被曝してしまったこと、しかもこの情報は米軍にはいち早く提供されていたことが明らかになったことなど、正確な情報が公開されなかったことへの不信感に積み重なっている。避難に対する措置も、住民が国に不信感を持つ理由となっている。放射能放出により三月一二日早朝には第一原発・第二原発から半径三キロ圏域に避難が、また二〇キロ圏域に屋内退避が指示された。翌一三日には爆発が起きたことで避難指示は半径二〇キロ圏に拡大され、二〇~三〇キロ圏域が屋内退避の対象となった。この二〇~三〇キロ圏域は、三月二五日になって国からの自主的避難要請を受け、四月二〇日に緊急時避難準備区域に指定された。しかしその時点では、三〇キロ圏外に位置する飯舘村は高い放射線量が検出されていても避難や屋内退避の対象とはなっていなかった。飯舘村などが計画的避難準備区域に指定されるのは、四月二二日になってからである。伊達市や南相馬市などスポット的に放射線量の高いところが特定避難勧奨地点に指定されたのは、二〇一一年一一月二三日である。

さらに、食品等の放射線汚染にかかわる安全基準値が長く「暫定値」のままであること、低線量被曝は「直ちには影響をもたらさない」という発言がなされたことも県民の不信感を増幅させた。農産物や土壌の汚染調査が進むにつれて、生活圏、農地、森林、河川、湖沼、海洋へと被害の広がりが明らかになっており、対応が遅々として進まないことに県民は大きな苛立ちを感じている。放射能汚染は移行するため、部分的な除染作業では放射線量の低減効果は少ない。汚染物質は河川の上流から下流に移行しながら、食物連鎖を通じて蓄積されてきている。問題の解決に向けては、よりきめの細かい汚染地図の作成が必要となっている。福島大学の小山良太准教授が指摘するように(5)、福島県で安全宣言を出した直後に、安全基準を上回る放射性セシウムがコメから検出されたことからも、その必要性が確認できる。

5 ふくしまの再生は脱原発から

福島県は「原子力に依存しない社会づくり」などを基本理念とする復興ビジョンを二〇一一年八月一一日に決定し、福島県知事はこのビジョンにもとづき、同年末、東京電力に第一原発及び第二原発の廃炉を要請した。私が座長代理として議論にかかわった福島県復興ビジョンは、ポスト三・一一における日本経済社会のあり方を国内外に強く発信したものとして評価されている。この「原子力に依存しない、安全・安心で持続的に発展可能な社会づくり」とは、「原子力に依存しない社会」を目指すものである。そのためには「再生可能エネルギーを飛躍的に推進」すること、また「何よりも人命を大切にし、安全・安心して子育てのできる環境整備、健康長寿の県づくりを通じて原子力災害を克服」するというものである。他の二つの基本理念は「ふくしまを愛し、心を寄せるすべての人々の力を結集した復興」と「誇りあるふるさと再生の実現」とである［**図2-7**］。

この県復興ビジョンは、その後に策定される市町村の震災復興計画の基本理念に大きな影響を与えた。私が委員長として策定にかかわった南相馬市・白河市・須賀川市・伊達市の震災復興計画では、市民委員などと議論を重ねれば重ねるほど、「原子力災害」への対応が課題の中心に位置づけられるようになった。特に放射能の除染作業の重要性や緊急性が次第に前面に出てきて、特掲されるようになった。

ふくしまにおける復旧・復興は、何よりまず「除染ありき」である。除染がなぜ必要なの

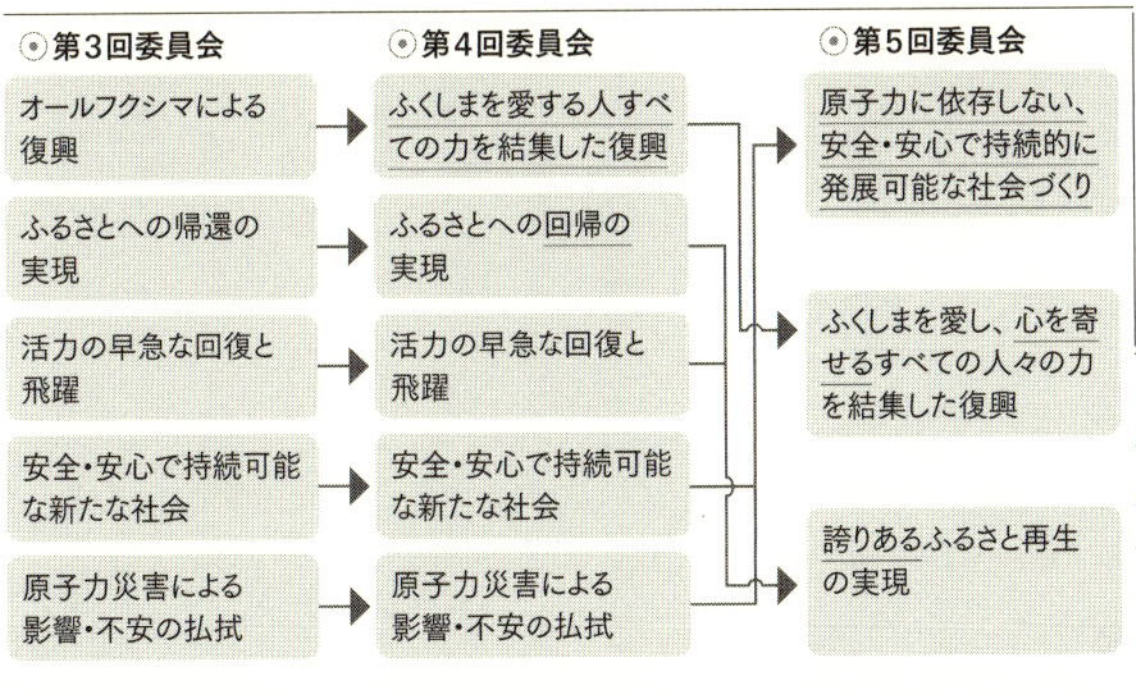

［図2-7］
福島県復興ビジョン基本理念の修正過程
❖出所：福島県資料により山川作成

かといえば、それは「安心して子育てできる」という地域再生の目標に直結するからである。安心して子育てできるということは地域力の再生にとって必須の出発点であり、それがふくしまの基本的な合意点となっている。

とはいえ、「脱原発」宣言に至る道は簡単ではなかった。なぜなら佐藤雄平県知事自身は震災前の二〇一〇年一〇月八日には福島第一原発三号機でのプルサーマル受け入れを表明しており、復興ビジョン案の議論中にも、福島県における約一万人といわれる原発関連雇用がなくなることに懸念を示していたからである。たしかに双葉・大熊・富岡・楢葉の四町は、税収の多くを原発関連に大きく依存し、住民のほとんどが直接間接に東京電力と利害関係にある典型的な企業城下町であった(6)。また原発事故でこれほど深刻な状態に陥ったにもかかわらず、それまで原発立地を推進してきた現職候補者が町長選挙で再選を果たしていた。しかし、同年秋に実施された福島県議会議員選挙においては、すべての立候補者が「脱原発」を選挙公約に掲げた。そのため選挙結果は党派のバランスを大きく変えるまでには至らなかったものの、変化の象徴は一貫して「脱原発」を掲げてきた日本共産党の議席が三名から五名に増えたところに見られた。

震災や津波、原子力事故は住民の意思とはまったく関係なく発生し、住民は一方的に被害を被っている。とはいえ双葉地域の住民は、過去において原発誘致に同意する首長や議員を選出し、一定の経済的便益を享受してきたことは確かである。しかし電源三法交付金制度は麻薬的な機能を果たしており、今回の事故で、「リスクへの見返り」の意味を持たされていたことが明らかとなった。それはたとえ「安全神話」を信じていたとしてもである。今後は事故補償を組み込んだ保険的な「リスク管理」ではなく、人間的かつ社会的共通資本的な意味での絶対的損失を防御する「危機管理」として、「脱原発」の道を歩む必要がある。そのためには原子力利用に対する深い反省が必要であり、原子力依存体質から脱却する地域社会を再構築していかなければならない。

6　内部・外部被曝の低減

低減傾向にあるとはいえ、空間放射線量が毎時一μSv（マイクロシーベルト）を超える地域や地点が広く残存し、内部・外部低線量被曝が続いていることから、なお住民には健康被害への不安がある。放射線被曝による健康被害の発生は期間を区切ることができないため、将来への漠然とした不安をもたらしている。

かなり遅れたとはいえSPEEDI情報が公開され、航空調査の範囲やモニタリング地点が拡大されたことによって、放射能汚染の測定データが増加し、マクロ的な汚染地図が公表されるようになった。しかしその精度はせいぜい一キロメートルメッシュであり、住民の日常生活や農民の生産活動を支えるには程遠い精度である。一方、大学などの研究機関や地方自治体と住民との協力により、日常生活圏域におけるホットスポットの実態が明らかになっている。問題はその除染作業がほとんど進んでいないことである。

福島県は二〇一一年七月に「生活空間における放射線量低減対策に係る手引き」を作成し、公園、通学路などの公共空間における除染活動を対象として、市町村を通じ自治会やPTAなどに五〇万円の助成金を出す「線量低減化活動支援事業」を始めた。しかし除染作業にともなって発生する、放射性物質を含む落ち葉や土砂の仮置き場が決まらず、多くの地域で除染作業が行き詰まっていた。山あいや農村部では仮置き場の確保ができているものの、市街地では難しいことから、この支援事業は住民にとって利活用が難しい。

生活圏をとりまく森林の除染作業はほとんど進んでおらず、森林を汚染している放射性物質が風や雨水によって生活圏や農地に移行し、継続的な除染作業の努力を無にする影響すら出てきている。また、高圧洗浄器による除染作業が進むほど、下水路を通じて下水処理場に放射性物質を含む汚泥が流れ込み、それは処分できないまま堆積されている。さらに、大雨や洪水などにより放射性物質を含む土砂が河川に流れ込み、阿武隈川下流の河川敷の堆積物から、周辺よりも高い放射線量が測定されている。原発から放流された放射能汚染水や、河川を経由して海洋に排出された放射性物質は、福島県沿岸の漁業活動を禁止に追い込み、当初の予想よりも長期にわたる被害をもたらしている。

放射能に汚染されている食品の摂取を通じた内部被曝への対策も依然として重要である。二〇一一年の農産物の放射能汚染は、春先におけるほうれん草などの野菜やしいたけなどのキノコ類、牛乳などの乳製品に始まり、夏にかけては牛肉などの肉製品、コウナゴなどの魚介類、県特産品のモモなどの果実類に広がり、秋にはコメにおいても、ごく限られた量ではあったが「暫定基準値」を超えて測定されていた。

7 原災からの復旧・復興と市民協働

福島県復興ビジョンや福島県内四市における震災復興計画策定委員会に参加して感じたことは、自治体の復興計画づくりのありかた、自治体の計画づくりにおける市民的議論のしかたに、質的な変化がみられたことである。この変化は、地域が放射能に汚染されるという、抜き差しならない、我慢できない、簡単には引き下がれない状況のもとで、住民が自らの意思を明確に主張したことにある。子どもを放射線被曝からどのように守るのかという親の必死さを反映し、復旧・復興計画を語るにあたって、まずは除染計画の明確化を求める意見が強く出され、このことが復興計画の枠組みそのものを変化させる力となった。どの復興会議であっても、時間をかけて、きちんと議論できれば、必ず「原子力災害の克服」が復興理念の第一番目に繰り上がっていかざるを得ない。事務局が準備した素案が復興会議において抜本的に修正され、しかもその修正は一回にとどまらなかった〔**図2-8、図2-9**〕。

私がかかわった福島県復興ビジョンでは、基本理念の第二の柱に「ふくしまを愛し、心を寄せるすべての人々の力を結集した復興」を謳っている。人々の力をどのように結集していくのかについては、県復興ビジョンでは明確とはなっていない。これに対して県内四市の震災復興計画では「市民協働」という視点が明確に出されている。その場合でも、「市民協働」の視点が意味するところは明確ではない。南相馬市では計画の基本的な考え方の中に「市民が主役となる市民参加による計画づくり」という文言がある。白河市では基本理念の一つに「地域のきずなと協働の構築」が掲げられている。須賀川市でも基本理念の一つに「協働を基調とした取り組み」があがっている。そして伊達市では「復興ビジョン実現のために」として「国県等との連携」や「復興のための財源確保」などと並んで「市民協働による復興の推進」が立てられている[図2-10][8]。

伊達市における市民協働は「今回の大震災を契機にこれまで以上に市民同士の絆を強め、市が先頭に立って、市と市民が役割分担しながら連携・協働して効果的な復旧・復興に取り組む」というものであった。問題は役割分担がどのように行われるかである。伊達市復興会議で議論となったのは、除染計画における市民協働の意味であった。伊達市の除染計画(第一版)では市民との協働を次のように述べている。「除染は、国が責任をもって行うべきものである。しかし、国や東電の取り組みを待っているだけでは、地域の放射線量を低減することはできず、地域の活力を失うことにもつながりかねない。自分たちの手で除染を行い、安心を得るという「地域づくり」の取り組みをすることが、地域の活力を取り戻し、より良い地域づくりにつながっていく」と。

除染計画において、国がやるべき放射線量の地域、自治体が行う放射線量の地域、そして国や市町村が直接行わない地域の三つに区分され、第三の地域は地域住民が除染を行うとしている。伊達市の復興会議では、除染作業は本来、国や行政がやるべきであり、なぜ市民協働という名のもとで地域住民がやらなければならないのかという疑問が出された。これに対して事務局からは、「除染は地域ぐるみで取り組むことが効果的・効率的であり、市民同士の協働、市民と行政との協働が、除染効果を高めることになる。市では、市民が自ら安全・確実に除染できるよう、除染の手法についてのマニュアルを作成し、市民の除染活動を安全面にも配慮しながら支援していく」と書かれていることが紹介され、一定の理解が得られた。

福島県復興ビジョンや福島県内四市の復興計画の策定において、理念や基本方針等の修正が可能で

第1回委員会

放射能災害からの復興

基本理念
❶放射能災害を克服し、夢と希望にあふれた伊達市の復興
❷災害に負けない安心・安全な伊達市の復興
❸力強い産業の再生と復興

第2回委員会

放射能災害からの復旧と夢あふれる伊達市の復興

基本理念
❶徹底した放射性物質の徐染による安心な生活圏の確保
❷未来を担う子ども・若者たちが誇りをもてるふるさとの再生
❸災害に負けない安心・安全な伊達市の復興
❹新しい視点による産業の再生と伊達ブランドの復興

第3回委員会

放射能災害からの復旧と夢あふれる伊達市の復興

緊急重要課題:放射能災害からの復旧

基本理念:夢あふれる伊達市の復興
❶未来を担う子ども・若者たちが誇りをもてるふるさとの再生
❷災害に負けない安心・安全な伊達市の復興
❸新しい視点による産業の再生と伊達ブランドの復興

[図2-8]
福島県伊達市復興ビジョンのサブタイトルと基本理念の修正過程

❖出所:伊達市資料により山川作成

第1回委員会

❶徹底した放射性物質の除染による安心な生活圏の確保
❷未来を担う子ども・若者たちが誇りをもてるふるさとの再生
❸市民の命を守る災害に強いまちづくり
❹市民の健康を守り、安心して年のとれるまちづくり
❺風評被害を解消し、伊達ブランドを展開する
❻積極的な企業誘致と雇用確保による活力あるまちづくり

第2回委員会

❶徹底した除染による安心・安全な生活圏の確保
❷子どもや若者たちの心を育む環境の整備
❸市民の命を守る防災体制の強化
❹安心して暮らすための健康づくり
❺風評被害の解消と伊達ブランドの全国発信
❻雇用の創出による生活基盤の確保

第3回委員会

緊急重要課題へ
放射性物質の除染を最重要課題として取り組みすべての市民が安全で安心して暮らすことのできる社会をめざす

❶子どもや若者たちの心を育む環境の整備
❷市民の命を守る防災体制の強化
❸安心して暮らすための健康づくり
❹風評被害の解消と伊達ブランドの全国発信
❺雇用の創出による生活基盤の確保

[図2-9]福島県伊達市復興ビジョン基本施策の修正過程

❖出所:伊達市資料により山川作成

[第4回委員会では修正はない]

第2回委員会

❶国・県等との連携
◈国や県が実施する事業や支援との連携や整合を図るとともに、復興特区等の活用により速やかで効果的な復興を進める

❷復興ビジョンの具現化に向けた財源の確保
◈復旧・復興を、最優先課題と捉え、復旧・復興関連事業へ重点的に予算を配分する
◈財源を確保するため、国や県に対し財政支援や税制度の優遇措置等を要請し、東京電力には、原子力災害に伴う賠償請求を行う

[第4回委員会では修正はない]

第3回委員会

❶国・県等との連携
◈国や県が実施する事業や支援との連携や整合を図るとともに、復興特区等の活用により速やかで効果的な復興を進める

❷復興ビジョンの具現化に向けた財源の確保
◈復旧・復興を、最優先課題と捉え、復旧・復興関連事業へ重点的に予算を配分する
◈財源を確保するため、国や県に対し財政支援や税制度の優遇措置等を要請し、東京電力には、原子力災害に伴う賠償請求を行う

総合計画に「市民協働」があるので

❸市民協働による復興計画の推進
◈今回の大震災を契機にこれまで以上に市民同士の絆を強め、市が先頭に立って、市と市民が役割分担しながら連携・協働して効果的な復旧・復興に取り組む

[図2-10]
福島県伊達市復興ビジョン実現における市民協働

あった最大の要因は、低線量被曝や食品の安全性について「暫定基準」で対応してきたことに象徴されるように、原子力災害に対する法的枠組みが存在しなかったことにある。「原発安全神話」のもとで検討されてこなかったことが、その最大の要因である。こうした間隙に、一般市民が発言しうる余地があったのである。会議では子どもの安全基準値が大人のそれと同じでよいかとする疑問や意見が多く出された。「アラブの春」と同様に、市民がインターネット、メールやフェイスブック、ツイッターなどを通じて情報を入手し、これに基づいて多様な活動が行われ、意見が出された。さらに役場機能が震災によってマヒし、ガバメントが一時的にではあれ、崩壊状態になったことも関係している。

今、ふくしまは地震や津波の被害以上に、なお原発事故により放出された放射能による被曝に囲まれ、長期的な不安を抱えている。議論をしたがゆえに、復興計画にまずは放射能除染が特掲され、そして子どもたちを安心して育てていくことのできる環境を回復することが、何度も修正されつつ、基本的な理念の上位にあがった。こうした県民の動きは、市民レベルの「ふくしま会議」のように、次第に草の根の活動としても目に見えるようになった。いま何よりも必要なことは、ふくしま破壊の根源である原子力発電の廃絶であり、人類が制御できない原子力の廃絶である。放射能被害への備えにあたってはチェルノブイリでの経験を正しく受け継ぎ、再生可能なエネルギーへの転換を進めるとともに、平和で安全で、安心できる持続可能な社会を構築していくこと以外に、私たちの進むべき道はない。一日も早く、原発を恐れる必要のない社会を実現するために、多くの人たちが「脱原発」のもとに結集し、行動していくことであろう。

(1)……本章は、山川充夫「原発なきフクシマへ――なぜ復興ビジョンに脱原発を掲げるのか」『世界』第八二九号(二〇一二年四月)、一一九―一二九ページを一部修正したものである。原災地「ふくしま」を表現するのに、かたかなの「フクシマ」がよく使われるが、これは世界で稀有な原災被災地として世界にFukushimaとして知られることになり、地理的な「福島」とは異なる意味が込められている。それは放射能で汚染され、特別な地域としてのオフリミット的な意味合いを持たされている。また福島県内であっても「福島」という漢字を使うと「福島市」を指すことになる。福島市はもちろん放射能汚染があり、自主避難が多く出ているものの、避難指示区域等が設定され、強制避難が指示されているわけではない。そのため「福島」を使用すると、警戒区域が設定され強制避難が指示された「双葉」地区とは地理的に乖離してしまう。本書では、かたかなの「フクシマ」、ローマ字の「Fukushima」、漢字の「福島」ではなく、ひらがなの「ふくしま」を使うこととする。その含意はかたかなの「フクシマ」、ローマ字の「Fukushima」とは異なった、福島県民や被災者の帰還・復旧・復興への積極性を引き出していきたいことにある。

(2)……第一一章「脱原発と地域経済の展望」を参照。

(3)……山川充夫「特別講演　大震災・原発事故と未来支援センターの取り組み」公益財団法人・全国保健管理協会東北地方部会『第五〇回全国保健管理研究集会東北地方研究集会報告書』(二〇一二年七月二六・二七日)、七ページ。

(4)……緊急時迅速放射能影響予測ネットワークシステム(SPEEDI)は、原子力発電所などから大量の放射性物質が放出されたり、その恐れがあるという緊急事態に、周辺環境における放射性物質の大気中濃度および被曝線量など環境への影響を、放出源情報、気象条件および地形データを基に迅速に予測するシステムである。しかし今回の事故では公表が遅れた。

(5)……小山良太「福島県における原子力災害の影響と農村・農業の再生」『地域経済学研究』第二五号(二〇一二年一二月)、二五―四七ページ。

(6)……山川充夫「原子力発電所の立地と地域経済」『地理』第三三巻第五号(一九八八年五月)、三四―六〇ページ。

(7)……宇沢弘文・茂木愛一郎編『社会的共通資本――コモンズと都市』東京大学出版会、一九九四年。

(8)……市民協働については、山川充夫「ふくしま市民協働型まちづくりの展開と課題」『福島大学地域創造』第一七巻第二号(二〇〇六年)、五四―八二ページ。山川充夫「協働型まちづくりの展開――福島市を事例として」『地域経済学研究』第二一号(二〇一〇年)、三七―四七ページ、などを参照のこと。

第三章

原子力災害とふくしま復興の苦悩

1 東日本大震災と原子力災害

二〇一一年三月一一日に発生した震度九・〇の太平洋沖地震は岩手・宮城・福島県の太平洋岸を中心に巨大津波をもたらし、死者・行方不明者は一万九〇〇九人を数えた。またこの巨大津波は波高一四メートルで東京電力福島第一原子力発電所(以下、東電第一原発)を襲った。東電第一原発は原子炉を冷却する全電源を喪失し、一〜三号機は原子炉溶融を起こし、水素爆発により放射性物質が外部に放出された。放出された放射性物質は六三万テラベクレルと推計され、その多くは太平洋方面に流れたものの、雪や雨とともに内陸部にも降り注いだ。特に第一原発から北西方向、すなわち双葉・大熊町、浪江町津島地区、川俣町山木屋地区、飯舘村、伊達市霊山地区は高い放射能によって汚染され、警戒区域や計画的避難区域に指示された。

この放射能は放射性ヨウ素131と放射性セシウムを核種としており、放射性ヨウ素131は半減期が約八日、放射性セシウムは134が半減期約二年と比較的短いが、137は半減期約三〇年と長い。放射性ヨウ素対策は、三春町を除き、ヨウ素剤の投入を行っておらず、甲状腺被曝が懸念されている。放射線セシウムは低線量外部被曝とともに、農作物を通じた食物摂取による内部被曝が心配されている。放射能汚染による内外部被曝は、原子力災害(以下、原災)により避難を指示された双葉地区など福島県浜通りの住民だけではなく、福島市や郡山市など福島県中通りの住民にも健康不安をもたらしており、県外避難者の人口還流が思うように進んでいない(1)。

2 震災・原災による人口流出

原災はふくしまの避難者に多重な被害を与えている。一次被害は被災地から避難所へという経路のなかで生まれている。巨大津波は太平洋沿岸の住民と農地を飲み込み、福島県では死者二九四三人、行方不明者五人、農地流失・冠水五九二三ヘクタールという被害がもたらされた。しかし原災による放射能汚染がさらに大きな被害をもたらしている。

その最たるものは県内外への人口流出である。東日本大震災で県内の応急仮設住宅・借上住宅・公営住宅に入居しているのは、二〇一二年一〇月一八日現在で九万九一三五人であり、県外避難者は五万九〇三一人であった。県外避難者のうち一八六人は埼玉県加須市にある避難所に、一万一二五八人が親戚等の知人宅に、四万七五八七人が県外応急仮設住宅・借上住宅・公営住宅に入居している。

県外避難者数の動向をみると、避難直後よりも震災の一年後の二〇一二年三月八日にピークを迎えている。すなわち二〇一一年六月二日には三万八八九六人であったが、二〇一二年三月八日には六万二八三一人に達した。その後、減少に転換し、二〇一二年一〇月六日五万九〇三一人、二〇一三年二月六日五万七一三五人、同年四月四日五万五六一〇人となっている[図3-1]。都道府県別では、二〇一一年六月二日時点では、新潟県が七三八六人(一九・〇%)と最も多く、これに山形県五三四五人(一三・七%)、東京都三二九四人(八・五%)などが続き、避難者数二〇〇〇人以上を数えたのは栃木県、群馬県、埼玉県、千葉県など関東地方四県であった。一〇〇〇人以上は北海道、宮城県、神奈川県などであった。

その後の避難者数の動きは、全体としてピークまでの増加局面での二〇一一年六月から七月にかけては「より西方（風上）に、より遠くに避難する」が目立っており、この時期には新潟・石川・長野・島根・愛媛県などがピークを迎えた。八月から九月にかけては、北海道・青森・秋田・富山・福井・山梨・静岡・滋賀などがピークを迎えた。一〇月から一二月にかけては千葉・京都・和歌山・山口・徳島・長崎・大分などがピークを迎えた。二〇一二年一月〜三月にかけては岩手・山形・栃木・岐阜・愛知・三重・奈良・佐賀・鹿児島などがピークを迎えたが、「より遠くに」から次第に「隣県に移動する」が目立つようになった。新潟県の減少と宮城・山形・茨城・栃木など隣接県での増加が対照的である。全体で最も避難者が多くなった二〇一二年三月八日で、都道府県別で避難者数が最も多かったのは山形県一万二九八〇人であり、これに東京都七六四五人、新潟県六七二八人、埼玉県四五六三人、茨城県三六一九人、千葉県三〇一五人、栃木県二七八五人、神奈川県二五八八人、宮城県二〇三一人などが続いた。

二〇一二年四月以降の特徴は、全国的には避難者が減少局面に入った一方で、隣県や大都市へ移動する避難者が増加していることにある。三月から七月にかけて避難者のピークを迎えたのは、東京・神奈川・大阪・香川・高知・福岡・宮崎などである。二〇一二年八月から二〇一三年四月にかけてピークを迎えたのは、宮城・茨城・栃木・千葉・兵庫・奈良・鳥取・岡山・広島・福岡・熊本・沖縄などである。四月四日時点で最も避難者数が多いのは、山形県八九八七人であり、これに東京都七三八八人、新潟県五五五三人、茨城県三八二七人、埼玉県三五八八人、千葉県三三五一人、栃木県二九四二人、宮城県二三五六人などが続く［図3－2］。こうした県外避難者の動向からは、山形・茨城・栃木県に移動している避難者は福島県に帰還する可能性があるのではないか、また東京などの大都市圏や仙台市を含む宮城県などに移動している避難者は帰還する可能性が少ないのではないかと推測できる。

[図3-1] 福島県から県外への避難者数の動向

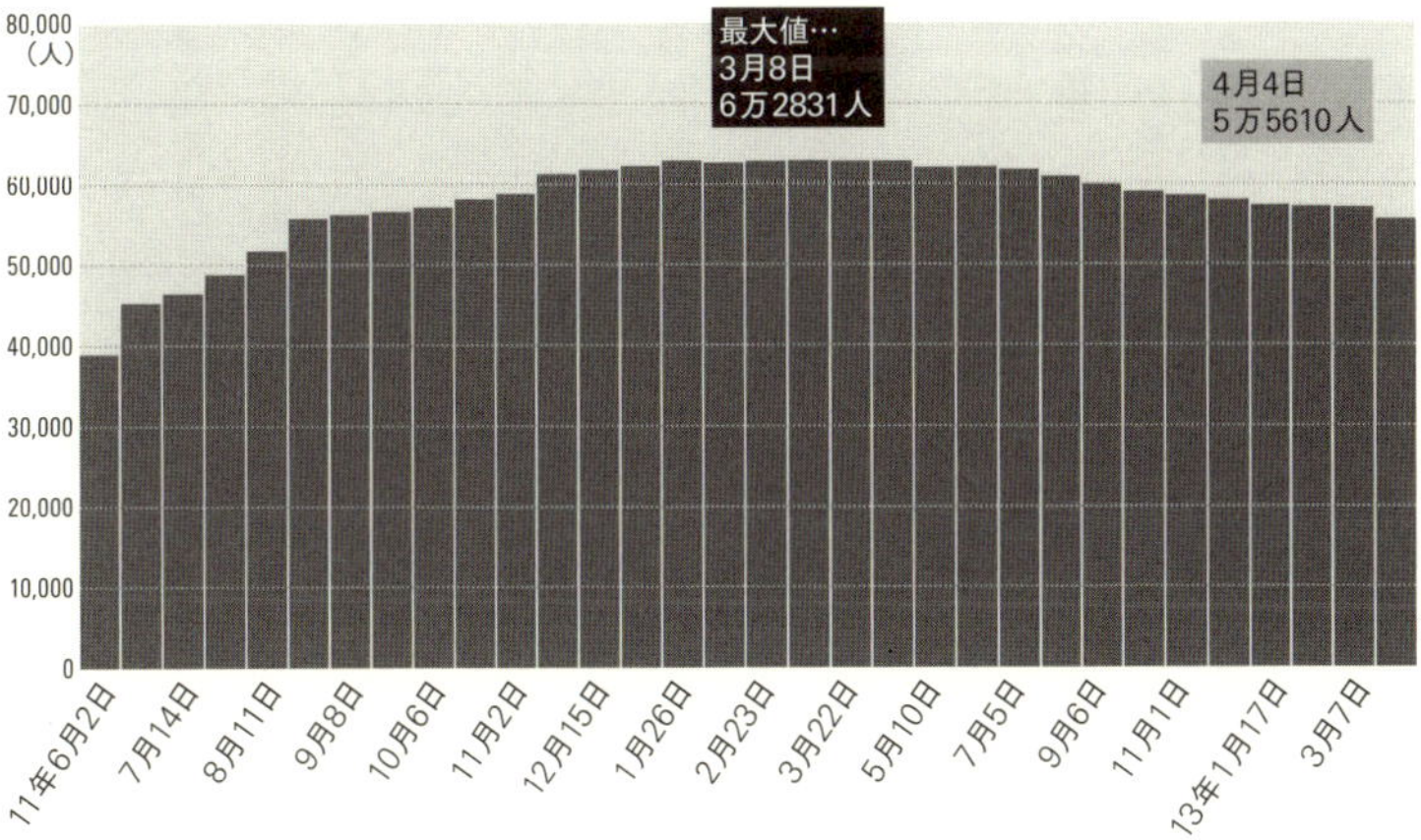

[図3-2]
福島県からの避難者数の
都道府県別変動

上記すべて ❖出所:
http://wwwcms.pref.fukushima.jp/download/1/kengaihinansyautiwake_suii250412.pdfにより、山川作成

3 ふくしまは何を失ったのか

原災によってふくしまは何を失ったのであろうか。福島大学うつくしまふくしま未来支援センター(以下、未来支援センター)の調査(2)によれば、約三分の二の県民が「震災前に福島に誇れるものがあった」と回答している。そのうち震災後「より強く感じられるようになった」及び「震災後も変わらない」という肯定的に回答しているのは二一%にとどまり、三分の二は「以前ほど感じられなくなった」及び「震災後なくなった」といった否定的な感じ方に転換した。つまり全体として、ふくしまは誇れるものを失ったということになる[図3-3]。

ではどのようなものを失ったのであろうか。ここではそれを質問項目「あなたが福島で生活をするうえで最も必要と考えている環境」への回答で代替しておこう。震災前において重視された「生活環境」のうち、最も高かったのは「雇用の安定した環境」(四六%)であり、これに「子どもの豊かな心を育む環境」(四四%)、「豊かな自然と共生する環境」(四三%)、「安全に暮らせる治安の良い環境」(三五%)などが続いた。

震災後、大きく変わったのは、「豊かな自然と共生する環境」(マイナス一五ポイント)と「安全に暮らせる治安の良い環境」(マイナス二六ポイント)とが大きく落ち込み、震災後重視されるべき環境として「医療の充実した環境」(プラス二〇ポイント)と「健康増進のための環境」(プラス一七ポイント)とが回答比率を大きく伸ばしたことである。失ったものは豊かな自然であり、安全な暮らしであった。不安を解消するためには医療の充実と健康の増進が必要

[図3-3]ふくしまに誇れるものはあるか(震災後の変化)

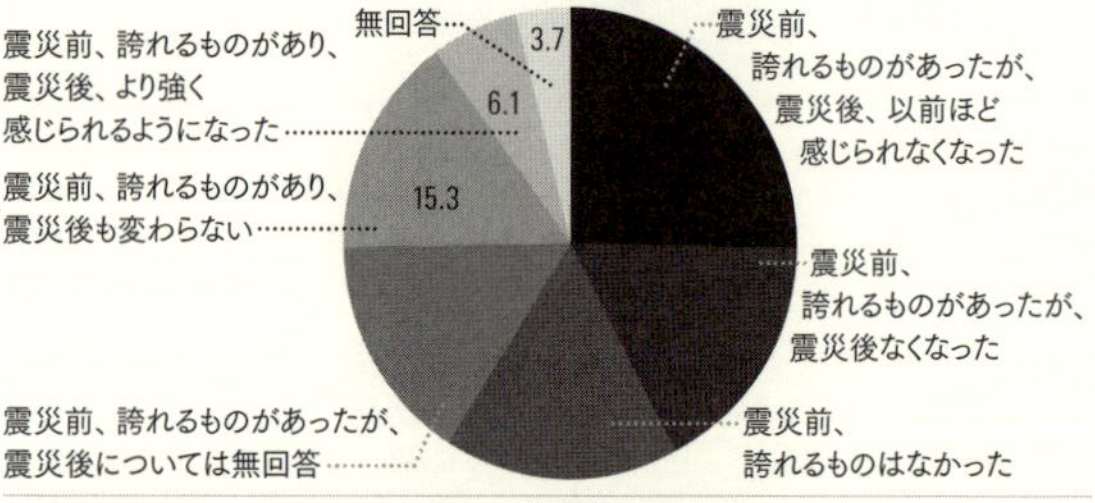

❖出所:福島大学うつくしまふくしま未来支援センター『意見募集結果の概要』
2012年10月22日により、山川作成

とされている［図3-4］。

ふくしま自体の信頼も失われている。福島県民そのものがそう考えている。二〇一二年九月に実施された福島市の調査[3]によれば、原発事故後の心理状態について、今も県民の九割強が「原発事故による風評被害は深刻だ」、九割弱が「福島県の子どもたちの将来が不安だ」、六割強が「福島県は日本の中で孤立している」、三割強が「できれば避難したい」と思っている［図3-5］。

ではどのような人たちが不安に思っているのであろうか。「原発事故による風評被害は深刻だ」ということを相対的にも強く「今でも思っている」のは、年齢別では四〇歳代で中学生を抱えている世帯である。単独世帯では「深刻さ」は相対的に低い。居住地別では福島市内非重点汚染地域よりも市外避難者の方が相対的に深刻である。それは放射能汚染度の低い地域に避難しているからであろう。「子どもたちの将来が不安だ」と相対的

［図3-4］福島県で生活するうえで最も必要と考えている環境の変化（3つまで選択）

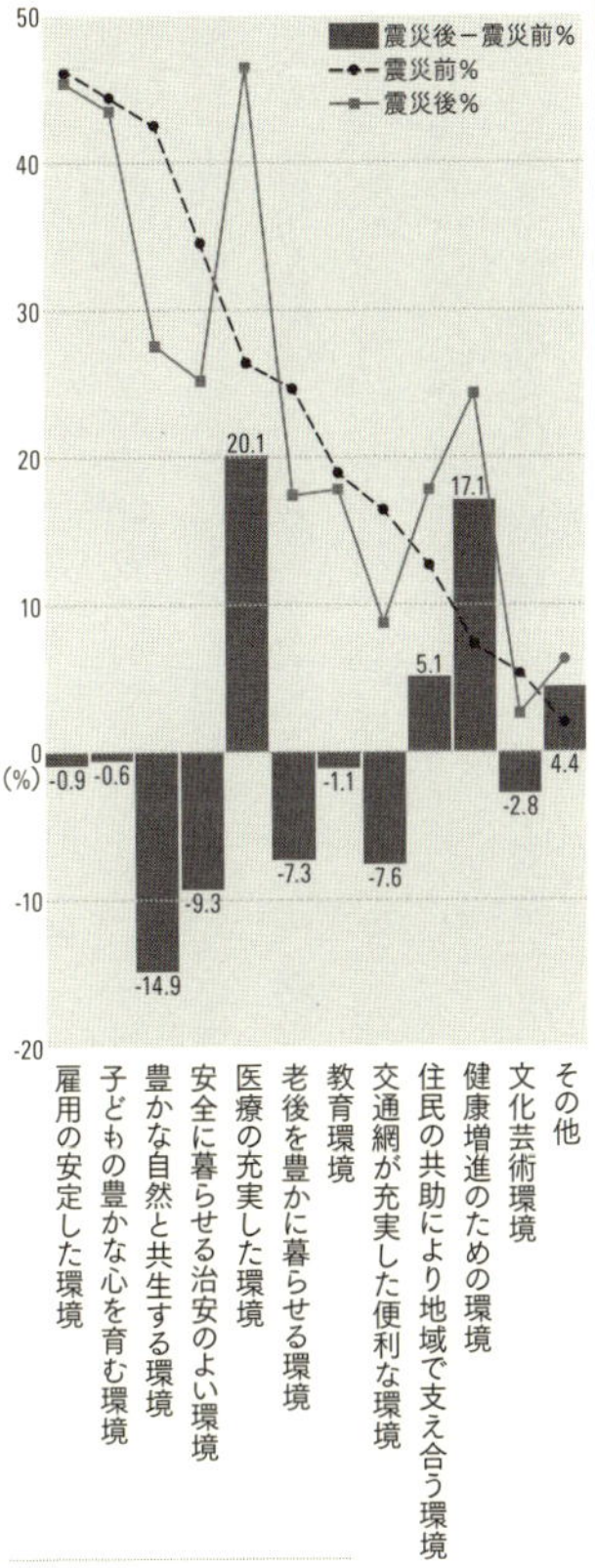

❖出所：福島大学うつくしまふくしま未来支援センター『意見募集結果の概要』2012年10月22日により、山川作成

［図3-5］原発事故後の福島市民の不安

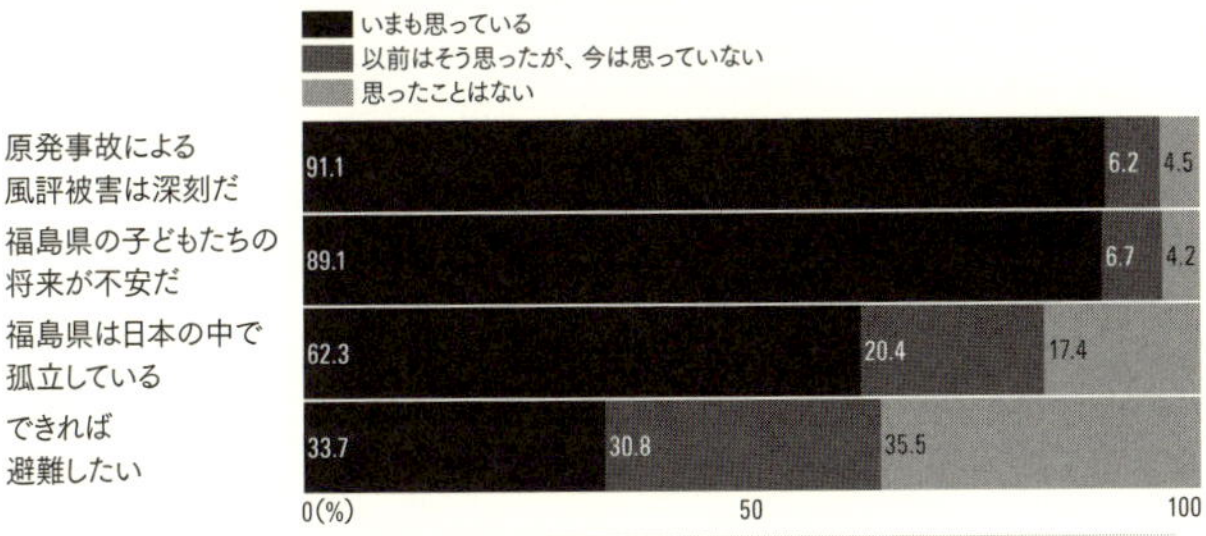

❖出所：福島市『放射能に関する市民意識調査報告書』2012年9月により、山川作成

に強く「今も思っている」のは、やはり子どもを持つ四〇歳代であり、それも低学年の子どもを持つ世帯ほど強い。居住別では市外避難者の世帯で相対的に高く、男女別では女性の方が高い。

「福島県は日本の中で孤立している」と相対的に強く「今も思っている」のは、年齢別では二〇～四〇歳代であるが、他の属性別ではそれほど大きな違いは見られない。「できれば避難したい」と相対的に強く「今も思っている」のは、年齢別では三〇歳代の学年が低い子どもを持つ世帯であり、また居住地別では市外避難者に特に強く現れている。

未来支援センターの調査によれば、県民の不安原因は県外者との意識のミスマッチに求められる。「県外の人と接した際、明るい気分になった出来事」があるかとの問いには、六五％の人が「ない」と答えている。「福島県民であることで、現在あるいは将来、県外の人と接するうえで不安はあるか」では五六％の人が不安は「ある」と、「震災以降、県外の人と接した際に意識・認識のギャップ」については五〇％の人が「ある」と回答している。

実際の不利益については、「あなたは福島への風評被害によって不利益を得たことがあるか」や「自分や家族、周囲の人が福島県外に出た際に、福島県在住であることで何らかの不利益や不快感を被ったことはあるか」などの質問では、「ある」と回答したのはいずれも三割台である。このように県民の原災による風評被害という不安は「不利益や不快感」を基盤としつつも、福島県民に容易には払拭しがたい感情や状況を作り出していることがわかる。

4 なお戻らない理由の第一は放射線被曝

国による放射能除染、県・市町村による復興ビジョン・復興計画の策定、市町村による帰還宣言や帰還時期の明言などにもかかわらず、原災による県内外避難者の帰還への足取りはなぜ重いのであろうか。この足取りの重さが、単に警戒区域等の強制避難対象地域だけでなく、中通り地域においても根強くあるのはなぜなのであろうか。福島大学災害復興研究所の「双葉八か町村調査」によれば、二〇一一年九～一〇月時点では、子育て世代の四六％が「戻る気がない」と回答しており、帰還しない理由として「放射能汚染の除染が困難」、「国の安全宣言への不信」「原発事故収束が期待できない」などをあげている。双葉地区に比べれば、空間放射線量が低い福島市においても、市外避難者の帰還には困難がある。福島市外に避難している二六一名に対する「将来、福島に戻りたいと思うか」との質問には、「是非戻りたい」ないしは「できれば戻りたい」と回答したのは四五％にとどまり、過半の五五％が「できれば戻りたくない」あるいは「戻りたくない」と回答している。福島市民で市外に避難している人は震災直後よりもむしろ数ヵ月以上経ってからの方が多く、原災直後の反射的な避難というよりは、低線量被曝に関する熟慮の結果としての避難と推測される。

低線量被曝への熟慮とは具体的に何を指すのであろうか。福島市民が回答した健康不安の原因を被曝の種類別で見てみると、外部被曝よりも内部被曝に健康不安を強く感じている。また回答者本人よりも家族、特に子どもたちの内外部被曝を心配している。不安度が最も高いのは家族の内部被曝であり、三分の二強が「大いに不安である」と答え、「あまり不安ではない」と「不安ではない」を合わせても九%にしかならない。しかも放射線による健康不安は一年前に比べてむしろ「大きくなった」のであり、内部被曝では四五%、外部被曝でも三七%に達している。「小さくなった」とする比率はそれぞれ五%と九%にとどまっている。市民の健康不安の解消は、放射能半減期という時間の経過や空間隔離としての除染作業が進めば低下するという、単線的なものではないことに注意が必要である。基準値にもとづく「安全」という議論と、市民の気持ちとしての「安心」という議論が何によって邂逅しうるのか、改めて問われなければならない。

内外部被曝を避けるために、福島市民はどのような行動をとっているのであろうか。五つの回避行動のうち、最も気をつけているのは「食べものの線量と産地」であり、約七割に達し、これに「線量の高い場所に近づかない」六割弱が続いている。「洗濯物を外に干さない」とか「自宅や自宅回りなどの放射線量の測定」は、「以前は実行していた」を含めると七割台に達するが、それを除くと三〜四割台にとどまる。「飲み水の購入」を今も「実行している」のは三六%であった[図3-6]。

強制避難であれ、自主避難であれ、ふくしまの苦悩は住民の「足による避難行動」として人口動態に表れている。福島県は二〇一一年三月から二〇一二年三月の一年間における大震災要因による人口動態を推計している。福島県の人口は住民票ベースで大震災直前の二〇一一年三月一日に二〇二万四四〇一人であったが、一年後の二〇一二年三月一日には一九八万三〇〇一人へと二・〇五%減少した。福島県による人口動態推計は、減少人口四万一四〇〇人

[図3-6]福島市民の放射線被曝回避行動

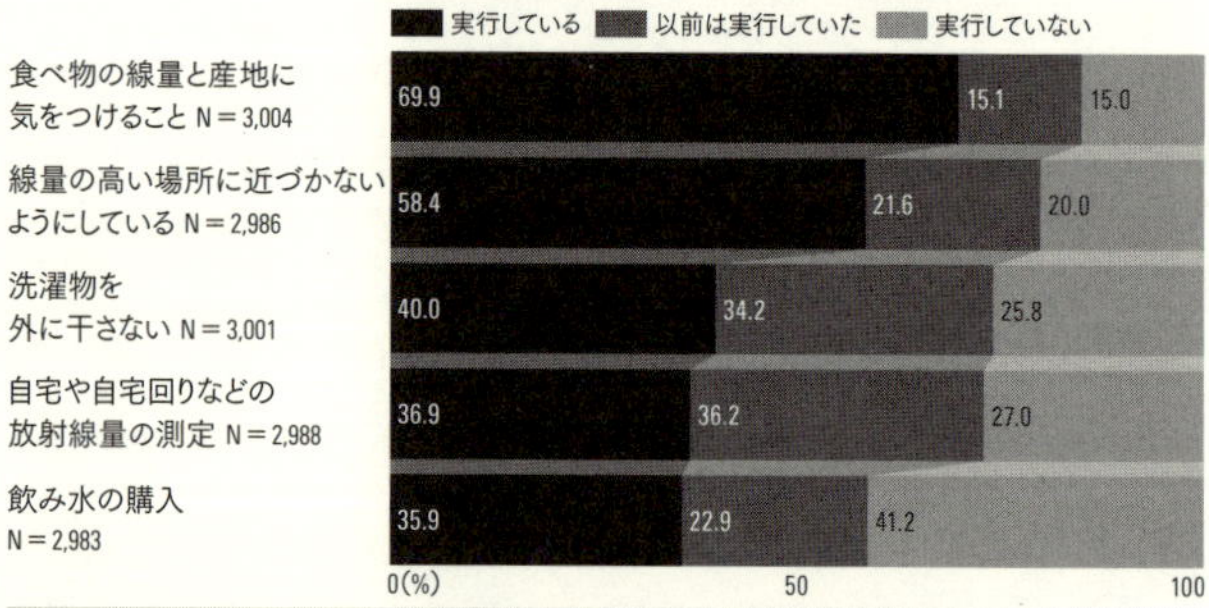

❖出所：福島市『放射能に関する市民意識調査報告書』2012年9月により、山川作成

のうち、過去一〇年間の平均趨勢としての通常要因数が一万二四二七人であり、この通常要因数を上回る減少として大震災要因数を二万八九七三人と算出している。一年間における人口減少の約三分の二は大震災に起因しているのである［表3-1］。

福島県内の人口動態を地方生活圏単位でみると、大震災要因は、強制避難が指示された相双生活圏だけではなく、福島市を中核とする県北、郡山市を中核とする県中、白河市を中核とする県南など、福島県中通り地区の生活圏の人口動態にも大きく影響していることがわかる。会津・南会津生活圏の人口動態は一年間では減少であるが、大震災要因人口数は増加している。

自然増減としての出生数と死亡数における大震災要因数をみておこう。出生数は一万二七二一人であったが、もし大震災がなければ一万三一二九人になっていたはずである。大震災要因により出生数が増加したと推計されたのは、県南・会津生活圏であった。死亡数は一年間で二万一六七三人であったが、大震災がなけれ

［表3-1］大震災要因による福島県内生活圏別人口動態

地方生活圏	2011年3月1日 現在人口	大震災後の 人口増減数	通常要因数	大震災要因数
県北(福島市等)	495,867	−8,629	−2,234	−6,395
県中(郡山市等)	551,169	−10,194	−2,089	−8,105
県南(白河市等)	149,694	−1,541	−862	−679
会津(会津若松市等)	261,034	−1,833	−2,873	1,040
南会津(会津田島町等)	29,712	−414	−584	170
相双(南相馬市等)	195,462	−10,672	−1,248	−9,424
いわき(いわき市等)	341,463	−8,117	−2,537	−5,580
福島県累計	2,024,401	−41,400	−12,427	−28,973

地方生活圏	通常要因 による出生数	大震災等要因 による出生数	大震災後の 出生数
県北(福島市等)	3,099	−214	2,885
県中(郡山市等)	3,853	−105	3,748
県南(白河市等)	1,015	36	1,051
会津(会津若松市等)	1,496	80	1,576
南会津(会津田島町等)	154	−28	126
相双(南相馬市等)	1,300	−95	1,205
いわき(いわき市等)	2,212	−82	2,130
福島県累計	13,129	−408	12,721

地方生活圏	通常要因 による死亡数	大震災等要因 による死亡数	大震災後の 死亡数
県北(福島市等)	4,309	341	4,650
県中(郡山市等)	4,414	251	4,665
県南(白河市等)	1,327	123	1,450
会津(会津若松市等)	2,829	245	3,074
南会津(会津田島町等)	424	17	441
相双(南相馬市等)	1,944	1,592	3,536
いわき(いわき市等)	3,293	564	3,857
福島県累計	18,540	3,133	21,673

❖出所：福島県企画調整部統計調査課『福島県の推計人口』2012年3月により、山川作成

ば一万八五四〇人にとどまっていたはずである。特に大震災要因による死亡数が多かったのは、相双生活圏であり、死亡数の四五％を占めた。避難先及び仮設住宅先での大震災第二次被害がいかに大きいかがわかるのである。

5 避難生活は成り立つのか

強制避難を強いられている双葉八町村などにおいては、避難者の生活は当初、義援金の配布や貯金の取り崩しなどで耐え忍んでいたが、次第に賠償金への依存に移ってきた。仮設住宅や「みなし仮設」としての民間借上住宅などに住んでいる間は、少なくとも家賃の心配はしなくてもよい。ただしそれは収入源としての雇用を失った代償でもある。強制避難ではなく自主避難をしている福島市民の仕事はどうなっているのであろうか。福島市民の原災前後の仕事状況を尋ねると、八割強の人が事故前と同じであると答えている。しかし属性別でみると、二〇～三〇歳代の若者やパート・アルバイトなど非正規被雇用者で「事故前と同じ」とする比率が低くなっている。もともとパート・アルバイトなどの非正規被雇用者は雇用が流動的であることは確かである。特に低くなっている属性は市外避難者であり、「事故前と同じ」は三四％にとどまり、転職が四三％に上っている。

原災前後の収入の変化を見ると、福島市民全体では、収入が変わらないが五九％、減ったが三四％、なくなった四％であった。しかし市外避難者の場合はそれぞれ三四％、四三％、一五％であり、収入が明らかに減少している。職業別では農林水産業者で著しいが、これは放射能汚染による経済的実害を反映している［図3-7］。収入が減れば暮らし向きが悪くなるのは当然であるが、原災の場合にはもうひとつ、家族の解体が付け加わっている。それは離れて暮らすようになった家族が出現したことであり、福島市全体では一四％であり、特に市外避難者の場合は六二％が離れて暮らすことを余儀なくされている。しかも離れて暮らす家族が再び一緒に暮らせる見通しが立たないことである。離れて暮らしている家族のうち、再び一緒に暮らせる見通しが立っているのは一六％であり、六一％が見通しが立っていないのである。

6 引き続く原災避難者の苦悩

原災避難者は避難以降、苦難が続いている。避難指示により住民は避難者となり、被災地から避難所への移動のもとで、第一次の被害を受けた。地震や津波被害ではなく、原災の場合には、物理的な人的被害や建物被害がなかったとしても、避難指示による強制避難だけでなく、放射線被曝を避けるために自主避難をも生み出している。外部に放出され放射性物質は耕地や山林、海洋を汚染し、農林水産物に移行し、経済的実害をもたらしている。その汚染は生活基盤としての雇用や仕事を喪失させたのみならず、内外部被曝への恐れのもとで、家族関係が崩

［図3-7］福島市民の原発事故後の収入の変化

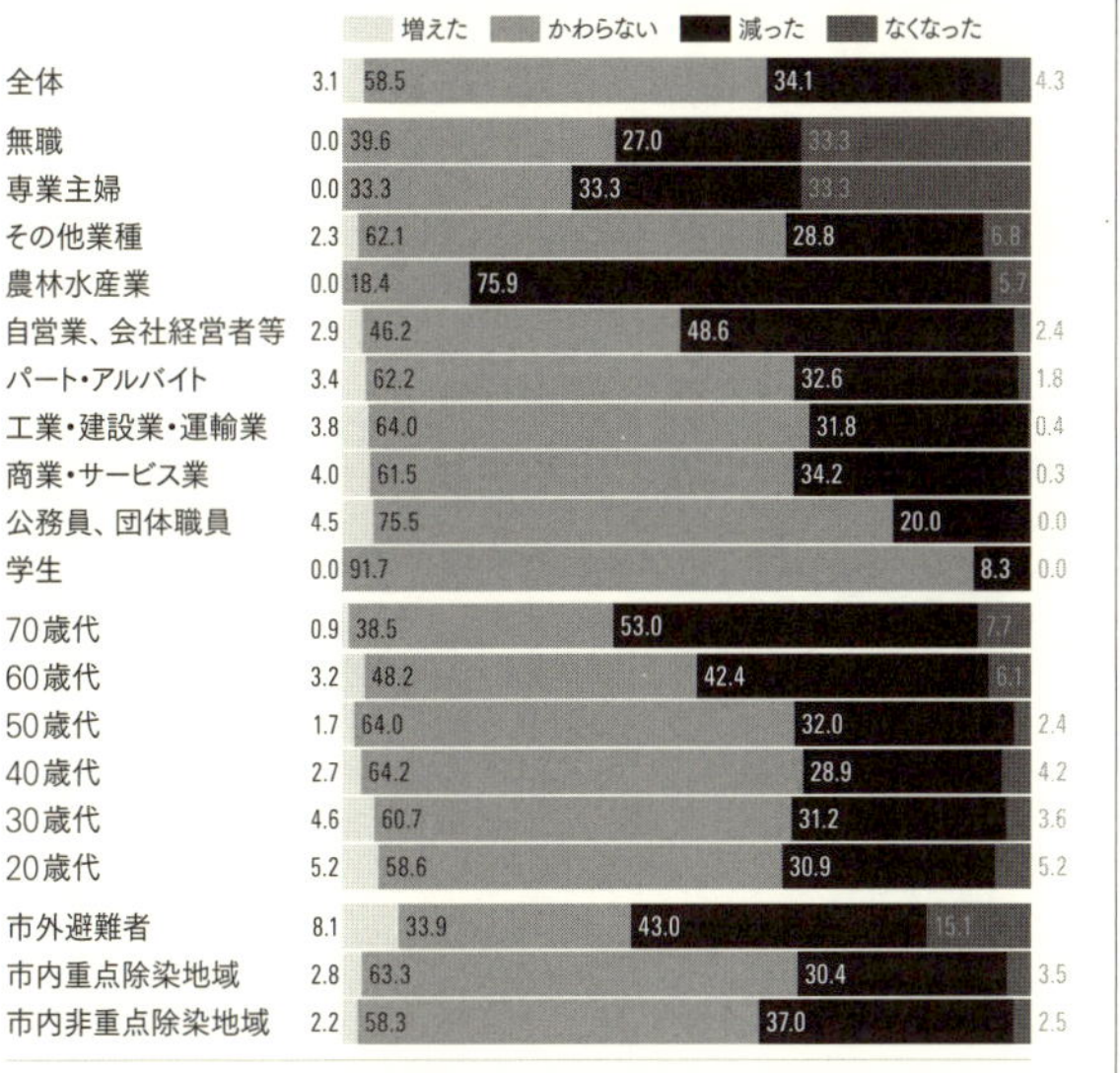

❖出所：福島市『放射能に関する市民意識調査報告書』2012年9月により、山川作成

壊させられ、心身の健康を損ねている。これへの対応は避難行動に顕著に現れるが、被災直後に限定されない。

ストレスは避難所から仮設住宅・借上住宅に移行する段階にあっても、癒えることなく続いている。仮設住宅・借上住宅における特有の生活・健康問題が生じている。それは一年以上経っても続いており、むしろ高まっている。避難したくても避難できないストレスがより大きくなっている。また他方において県外からの避難者の帰還数は多くないが、県外に出たとしてもあるいは県内にとどまったとしても、原災による二次被害といえる低線量被曝への不安や差別につながる風評被害を感じている。それは実害以上のストレスとして、今後も続くことになる。

帰還の条件整備としての除染作業は、実際の経験から空間放射線量を半減あるいは三分の一に低減させる効果があることがわかってきている。また汚染された農地における農作物への放射性セシウムの移行が、作物種類、土壌条件、水や周辺の環境条件などによって異なること、表土の剝ぎ取りやカリウム・ゼオライトの投入などによって低減できることもわかってきている。しかし内部被曝による健康不安から、福島県内市民であっても県内産農産物の摂取をなお控える傾向があり、また県外スーパーでは福島県産物の取り扱いが忌避される状況にある。

こうした状況のもとで、除染された放射性物質を保管する「中間貯蔵施設」を福島県双葉地域に設置する国の動きが本格化し、二〇一三年四月に入り、大熊町や楢葉町など一部の双葉地区自治体は設置に向けた調査を受け入れる旨を国に回答した(4)。しかしこの決断は、仮設住宅・借上住宅の避難者が「仮の町」という形態を含む復興公営住宅への移行と並行して行われ、放射能汚染という風評の固定化ないしは長期化をもたらす出発点でもある。

原災地域の雇用の主力は、福島県が再生可能エネルギー産業や医療産業の拠点形成をいくら強調しようとも、追加的な放射線被曝を避けられない除染作業や廃炉作業などが中心とならざるを得ない。双葉地域には一部に素材型や加工組立型の製造業はあったものの、東電原発の維持管理に特化した企業城下町経済であり、国際的な研究開発拠点を誘致するとしても、短・中期的には産業構造をそう簡単に転換できるものではない。

(1)……本章は、山川充夫「原子力災害と福島復興の苦悩」『学術の動向』第一八巻第二号(二〇一三年)、五二—五七ページを一部修正したものである。
(2)……福島大学うつくしまふくしま未来支援センター『意見募集結果の概要』二〇一二年一〇月二二日。
(3)……福島市『放射能に関する市民意識調査報告書』二〇一二年九月。
(4)……大熊町は受け入れにあたって四条件を示した。①ボーリング調査は地権者の同意を得たうえで行う、②調査終了後速やかに建設に必要な範囲を示す、③用地所有者への補償方針を示す、④最終処分の方針を示す。なお環境省は中間貯蔵施設の候補地として、大熊町六ヵ所、双葉町二ヵ所、楢葉町一ヵ所の計九ヵ所の調査を計画している(『福島民報』二〇一三年四月一六日付)。

第四章

帰還・復旧・復興への社会技術的課題

1　社会技術的課題の視点

二〇一一年三月一一日に発生した天災としての東日本大震災には東京電力福島第一原子力発電所（第一原発）の原子炉溶融と水素爆発という人災が加わり、福島県を中心とした地域や海域に放射能汚染をもたらした。放射能汚染により農畜海産物の出荷規制・作付制限・操業自粛が行われただけでなく、双葉郡・相馬地域等において避難区域・計画的避難準備区域・緊急時避難準備区域・特定避難勧奨地点等が設定され、地域住民には避難強制・立入禁止などの法的な規制が行われた。その後、緊急時避難準備区域や一部の避難区域が解除されてきているが、なお多くの住民が居住地域外での仮設住宅や借上住宅での生活の継続を余儀なくされている。(1)

避難区域等の制限が一部緩和され、南相馬市小高地区や川内村・葛尾村など比較的年間被曝線量が少ない地域では村民の村への帰還計画が本格的に進められようとしている。他方、年間被曝線量が五〇mSv超の帰宅困難区域を抱える町村では、「仮のまち」計画が具体的な検討日程に上がってきている。住民は放射能汚染により、大地などの自然から切り離され、自主避難・集団避難生活から仮設住宅・借上住宅生活に至るまで「あたりまえ」の日常生活を失っている。そして今、「村への帰還」なのか、それとも「仮のまち」なのか、両方を抱える自治体と町村民は地域社会の再分断の岐路に立たされている。住民が抱える極めて深刻な問題は、人災としての原子力災害の責任問題、低線量被曝による健康不安、家族生活の分断、東電賠償の遅れ、雇用・働きがいの喪失など、重層的かつ複雑多岐に及んでおり、生活再建の見通しがまったく立たないところにある。

本章では、原子力被災地域において帰還・復旧・復興をどのように進めていく必要があるのか、福島県復興ビジョンづくりや南相馬市など福島県内市町村での復興計画づくりにかかわった経験や福島大学うつくしまふくしま未来支援センター（以下、未来支援センター）での活動成果を踏まえ、社会技術的課題とそれへの対応のあり方について考えてみたい。ここでいう社会技術的課題とは復興ビジョンであれ復興計画であれ、策定された理念・目標・方針・方法・手順などが、被災者でかつ地域復興の担い手である地域住民に受け入れられ、社会的に実行可能な過程として構築していく際に必要とされる支援のあり方を意味している。

2　基本問題としての「安全」と「安心」の乖離

原子力事故がもたらしている問題の第一は、低線量内外部被曝にかかわる「安全」と「安心」が完全に乖離しているところにある。ここにおける問題の基本は、暫定基準であれ新基準であれ、「安全」基準が主観としての「安心」を担保する明確で客観的な根拠を示すことができていないところにある。

放射能汚染による放射線量は、わずかな場所の違いで、大きく異なることがわかっている。屋根における付着、落ち葉における付着、雨樋や排水溝におけるホットスポットの形成、土壌成分による違いなど、極端には一メートルの差によって大きく異なることが知られている。国や県による測定結果の公表は、限られた地点によるものであり、旧地域住民が日常生活を円滑に行うためには測定地点が少なすぎ、役に立ってはいない。どこまで測定地点を増やせばよいのであろうか。しかし、測定地点を無限に増やすわけにはいかず、これをいかなる手法で調整していくのかが社会技術的な課題である。未来支援センターでの支援活動の経験からすれば、安心は第三者的に獲得できるものではなく、専門家と協働して自らが放射線量を測定するという行動過程を通じて獲得しうる可能性が高まるということである。

安全が安心につながらないのは、安全だという側にまだ公表していないデータがあるのではないかという猜疑心を住民に植え付けてしまったことにある。それは暫定基準値に始まり、SPEEDIのデータが国民に公表される前に米軍に公表されていたこと、放射性廃棄物がまだ外部に漏れているのに早々と原発事故の収束が宣言されていること、福島県知事から県内産米の安全宣言が出された直後に基準値を超える放射性セシウムが検出されたこと、明確なデータが示されないもとで電力不足が強調され、原発再稼働が企図されていること、原子力災害賠償が手続き上の煩雑さや被害者の視点が欠如しているだけでなく著しく遅れていること、東京電力による電気料金の値上げが十分な説明もなく進められている等に広く及んでいる。

3 科学的な確率論と被災者の二者択一論

では、社会技術的課題として重要なことは何なのであろうか。第一の課題は、一見当たり前なのであるが、まずは「わかっていること」と「わからないこと」とを峻別することである。「わかっている」ことについては客観的なデータを示さなければならず、しかも数値データの一覧表ではなく、マップやグラフなどによる「見える化」が必要である。「わかっていない」ことは「一緒に」わかる努力をすることである。これは後にも述べるが、未来支援センターの産業(農業)復興支援チーム・放射線対策チームと伊達市小国地区の農家・住民との協働により一〇〇メートルメッシュの空間放射線量汚染詳細マップが作成され、この詳細マップの作成以降、同地区からの人口流出がなくなったのである。

第二は、「わかること」と「わからないこと」の分岐点にかかわる問題であり、特に放射能測定器におけるND(不検出)において見られる。核種別放射能の値は測定機器の種類や測定時間のかけ方によって、ND基準が異なっており、これに関する理解の差が乖離を発生させる。放射能の測定結果は数値として表されるが、究極の「安心」としての「ゼロ」を求める人にとっては、追加的な放射線被曝があるのかないのかに関心があり、数値がどの程度なのかということについては関心の埒外となる。自然科学者は累積放射線量という「数値」に基づき健康被害を「確率」論的に説明するが、低線量放射線被曝の長期的な健康被害を問題とする被災住民は、結果としての被害の発生が「ある」のか「ない」のかの二者択一に強い関心を持っている。低線量被曝に関する科学的な実証データがないあるいは公表されていないもとでは、被曝量が累積的に「安全」基準を超えるか否かで議論したとしても、そこには時間軸の議論がないことから、被災住民への説得性を持ちえない。

原子力災害における議論の困難の一つは原子力災害からの復旧・復興における時間軸の長さに起因している。母親は自分のことではなく次世代、次々世代等への低線量被曝の影響を心配している。当世代のことであれば、当世代の人たちが責任をとれば、ある程度は済んでしまう。しかし、次世代や次々世代のことになると、影響がゼロでなければ、負の遺伝子を引き継がざるを得ず、それがゆえに影響が「ある」のか「ない」のかが問題とされるのである。

4 「安全」と「安心」を結ぶのは「信頼」の再構築

客観的基準としての「安全」と「安心」とがうまくつながっていくためには何が必要なのであろうか。市民にとっての不安は、信用に足るべきはずであった科学において、科学者個人の諸説の対立によって、その基軸を揺らしてしまったことにある。その意味で今回の原子力災害は学術のあり方に根本的な問題を投げかけている。学術を担う科学者・専門家は、いかにすればその信用を取り戻すことができるのであろうか。このことは科学者・専門家が市民から信用されるためには何が必要なのか、どのようにすればよいのかという問題でもある。もちろん理論が確立する以前にあっては諸説があることは当然であるが、それが学会内ではなく、一般社会で前提条件の説明が十分に理解されないなかで議論されたことにある。

基準としての安全が被災者あるいは生活者にとっての安心に結びついていくためには、とことん納得がいくまでの説明が必要である。ただし、その説明は説明する側の論理が説明を受ける側の納得という論理立てに乗っていかなければならない。確率論的説明が二者択一的納得にたどり着くためには、データの収集それ自体に被説明者が立ち会うことが必要である。被説明者が自らデータを測定し、そのデータの意味を自らの経験でもって説明するという立場に代わることができれば、確率論的説明と二者択一的納得とは邂逅を迎えることになろう。被説明者はたとえ二者択一的立場に立ち続けるとしても、自らの立場が正当であるのかということについては完璧であるとは思っていない。そのデータそのものの計測方法やその影響の程度についての背景を知りたいと思っている。確率論的説明と二者択一的納得とが邂逅を迎えるためには、被説明者自身がデータそのものを計測する立場にまずは置かれなければならない。そしてそのための「場」が設定されなければならず、これはデータそのものの徹底的な吟味や検証を意味している。こうした計測にかかわる場と過程を通じて、両者が邂逅する可能性が大きく高まっていくであろう。

このことは、科学者・専門家と被災者との間の関係性をこれまでとは異なった次元へと送り出していく。それは科学者・専門家と被災者とが「現場」という場においてそれぞれの立場を超越することを意味する。別の言い方をすれば、肩書きをはずして、それぞれが有している「専門知」と「地元知」とを融合して「市民知」として確立していくことである。「専門知」と「地元知」とはどちらが上なのか下なのかという垂直的思考のもとでは対立を生むだけである。水平的思考に転換するためには、両者が同じ土俵に乗ってデータを収集するところから始めなければならない。データの収集と加工の作業をいっしょに行うことが重要である。安全と安心を結ぶものが信頼であるとするならば、この信頼は同じ土俵で肩書きをはずしていっしょに作業を行うことを通じて、初めて獲得できることになろう。

5 「信頼」を保障するのは「支援」のあり方

それぞれがもつ肩書きをはずしたとしても、それぞれの個人がもつ立ち位置や個性まで埋没させることはできない。逆に、それを埋没させることは同じ場でいっしょに作業をするという効果を削ぐことになる。求められるのは立ち位置の違いを認めながら、ひとつの目標に向かって協働することができるかどうかである。市民協働は情報を共有しながら、異なる立場をうまく生かすことで、その持つ意味が発揮される。それは科学者・専門家が被災当事者と向かい合うとき、科学者・専門家は被災当事者そのものになることはできない。被災当事者の困難を緩和ないしは解決することを容易にするためには、「支援する」という立場に立つことになる。これまでに述べた文脈からすれば、支援のあり方を通じて「信頼」を獲得するということになろう。

信頼を獲得する支援のあり方とはどのようなものであろうか。ここでは未来支援センターにおける支援の取り組みの事例を通じて、検討してみよう。未来支援センターは、二〇一一年七月に福島大学の学内措置として立ち上がった。その立ち上げの目的は東日本大震災、とりわけ東京電力福島第一原子力発電所(第一原発)の炉心溶融と放射能汚染にともなう被災者および被災地域の避難・仮設生活、帰還・復旧・復興、ないしは「仮のまち」への移行を支援することにあった。そのためセンター活動の基本は「支援」であって「研究」ではないことを明確にしている。もちろんこのことは未来支援センターが研究活動を行わないということではない。センターが研究する目的は「現場」における「市民協働」による「支援」活動である。未来支援センターにおける「研究」活動とはこうした活動を通じて得られた「市民知」を「専門知」に転換していく作業であるととらえている(2)。

6 科学者・専門家と被災住民の協働

いくつかの事例を紹介しておこう。第一は、産業復興支援担当と放射線対策担当との連携による農地の一〇〇メートルメッシュ詳細汚染マップの作成である。放射能汚染マップはこれまで国・県等により作成され公表されてきた。その特徴は航空機による俯瞰的な放射線量マップ、自動車走行によるルートマップ、地点数の限定されたモニタリング・ポストによるポイント・マップであった。これらのデータはいずれも放射線計測方法と機械ありきの調査であり、日々低線量に曝されている住民の要望にそうものではなかった。それはまた「科学者」ないしは「専門家」による「科学的」あるいは「専門家的」視点にこだわる測定であった。それは「客観的」データを収集する目的で行われ、低線量被曝者の意にそうものではなかった。ここでは未来支援センターの支援のあり方が問われることになる。誰のために、何のために、どのように放射能を測定していくのか、測定の方法ではなく、測定の目的そのものが問われているのである。

被災住民が知りたいことは、まずは長期的な健康被害をみすえた自分と家族構成員の累積被曝線量がどの程度になるのかであり、地点あるいは計測日時での定点観測による放射線量ではない。生活者としての被災住民は異なった線量地点を移動しているのであり、累積被曝線量を最小限にするためには、時空行動としてどのような生活スタイルをとるべきかに関心がある。そのためには生活圏内における詳細な放射能汚染マップがまずは必要とされるのである。では農業者はどうなのであろうか。農業者は生産者であり、生活者であり、かつ、環境保全者でもあるという多重性をもっている。生産者としての農業活動であっても、それは稼得手段にとどまらず、生き甲斐であり、人間存在の基盤となっている。そこでの基本的な要求は、地域営農の継続である。それは栽培を通じて大地に働きかける楽しみ、その成果としての大地から収穫を得る感激、社会的価値の実現としての収穫物を販売する歓び、など多面的である。

原発事故被災からの帰還・復旧・復興支援における科学者・専門家の役割は、基本的には被災者住民のデータ・ニーズにどのように応えていくのかにある。安全にかかわるデータはいっしょに測定するという行動がもたらす信頼性のもとで、被災者にとって安心しうる情報に転換していくのである。同じデータであっても地域から切り離された「専門家」による測定にあっては、その専門家がいかなる立場あるいは考え方についての情報が不足し、このことが不信感を高めることにつながるのである。

未来支援センターではこうしたことを実践するために、南相馬市と川内村にそれぞれサテライトを設置し、特に川内村サテライト(公式にはいわき・双葉地区サテライト)は川内村がいち早く宣言した帰村宣言と帰村計画を支援するために、自然科学系と社会科学系の特任教員を各一名ずつ配置し、二〇一二年六月一六日には開所式とともに特別講演や相談会を開催した。ここでは放射線測定や除染方法の講習、放射能詳細マップの作成と農業再生、帰還とコミュニティの再構築、高齢者などの買物弱者支援などについて報告するとともに、行政や住民からの意見を受けて、未来支援センターの活動の方向性を確認している。

(1)……本章は、山川充夫「原子力災害と帰還・復旧・復興への社会技術的課題――FUKUSHIMAからの問いかけ」『学術の動向』第一七巻第八号(二〇一二年八月)、二六―三一ページを一部修正したものである。
(2)……萩原なつ子『市民力による知の創造と発展』東信堂、二〇〇九年、二七五ページ。

第五章

地域復旧・復興と地理学

1 東日本大震災の特性

二〇一一年三月一一日に発生した東日本大震災は、未曾有でしかも広域的かつ重層的な被害をもたらしている。その第一の特性は、震災そのものが都市型・狭域型の阪神・淡路大震災とは異なり、農漁村型・広域型であることである。第二の特性は、大震災直後に最波高が一六メートルを超える大津波が太平洋沿岸部を襲い、壊滅的な被害をもたらしていることにある。大津波を受けた農漁村地域では、死者・行方不明者が約一・九万人発生し、家屋・事業所・農地・漁場・公共施設などが壊滅状態にあり、住民の命と生活と雇用の基盤が一挙に奪い去られたことにある。

今回の大震災がもたらした特性で最も強調しなければならないのは、地震および津波によって福島第一原子力発電所(福島第一原発)が破綻し、炉心溶融や水素爆発による放射能汚染や放射線被害が周辺地域や周辺海域におよび、二〇一三年四月時点において、なお原発事故が収束していないことである。被害の甚大性と広域性、分散性、特殊性のために、ボランティア活動による救済の取り組み、国・福島県・市町村による震災復旧・復興への取り組みは著しく遅れており、いまだに全国で三一万人弱の人びとが避難生活を余儀なくされている。特に福島県の場合には、二〇一三年四月四日時点で九万六二六四人が仮設住宅に避難し、また福島県外への避難者は五万五六一〇人の多くを数えている。宮城県や岩手県との避難先の違いは、福島県の場合は県外避難者の数がかなり多いということである。宮城県の場合には県内避難者は一〇万六六〇九人であり、福島県の県内避難者よりも多いが、県外避難者は七八二二人であった。岩手県の場合には県内避難者が四万一一二人であり、県外避難者は一五八八人であった。

本章の目的は、地理学の視点から原災地復興にどのように接近できるのかを探ることにある。特に福島県は原発事故に伴う放射性物質の飛散と原発事故そのものが「収束していない」という稀有の状況にある。地震や津波の被害を受けた他県が困難ななかにあっても、復旧・復興への道を歩みだしているにもかかわらず、福島県では被災地に一時帰還すらできないという特殊な状況に置かれている。以下においては。まず東日本大震災が岩手県・宮城県・福島県の三県にどのような打撃を与えているのか(第2節)。そのなかで原発事故という特殊性が福島県にどのような暗い影を落としているのかを紹介する(第3節)。この特殊性は復旧や復興にかかわる構想や計画にも色濃く反映するが、それはどのようなものなのか(第4節)。そして、地理学の視点からいかなる避難・復旧・復興原則を立てていくべきなのか(第5節)を論じたい。[1]

2 東日本大震災と岩手県・宮城県・福島県の被害

「三・一一東日本大震災」は地震の規模M九・〇という巨大地震であり、一九〇〇年以降で世界第四番目の大きさである。[2] その震源域は三陸沖であり、宮城県北部において震度七、宮城県中・南都から福島県中通り・浜通り、茨城県北部・南部、栃木県北部・南部において震度六強を記録している。この巨大地震は震源域が長さ約四五〇キロメートル、幅約二〇〇キロメートルと広く、海底が約三メートル隆起したことにより、かつてない高さの大津波が発生し、北海道東岸から四国にいたるまで広範囲に押し寄せた。最も高い津波が押し寄せたのは三陸海岸であり、岩手県田老町では一六メートルを超えた。福島県では相馬市で八・九メートル、いわき市で四・八メートルの高さが推定されている。

この大津波がもたらした被害は甚大である。二〇一一年六月一三日現在で、人的被害は全国で死者一万五四二四人、行方不明者七九三一人、負傷者五三六七人にのぼっている。東日本大震災が阪神・淡路大震災と違うのは、大きな津波の襲来と原発事故とをともなっていることであり、このことは死者で二・四倍、行方不明者で二六四三・七倍、負傷者〇・一二倍という数字にも表れている。大津波に巻き込まれたか否かは即、人命に直結している。被害の大きい東北三県ではいずれも負傷者よりも死者・行方不明者の数の方が大きい。宮城県の死者九二三一人だけで阪神・淡路大震災の死者の総数を超えており、これに行方不明者を加えると実に二・二倍に達する。福島県は宮城県や岩手県に比較すると少ないものの、それでも死者一五九五人、行方不明者三六六人、負傷者二三六人を数えている。

津波による浸水範囲内人口における死者・行方不明者の比率は、岩手県が六・九％で最も高く、これに宮城県四・三％が続き、福島県は二・七％であった。こうした三県における違いは、津波の高さとリアス式地形による増幅を強く反映している。福島県内で死者が多いのは、南相馬市の六〇五人、相馬市の四四九人、いわき市の三〇八人などであり、太平洋沿岸部に集中している。ただし内陸部でも死者は出ており、白河市や須賀川市でそれぞれ一二人、一〇人が土砂崩れやため池の崩壊などにより亡くなっている。行方不明者が多く残っているのはやはり沿岸部であり、南相馬市六八人、浪江町五一人、いわき市四二人などである。

住家の被害も大きく、全体では全壊一一万二五二八棟、半壊七万六四六三棟、一部損壊三四万四五五一棟であり、阪神・淡路大震災との比較では、それぞれ一・〇七倍、〇・五二倍、〇・八八倍になっている。被害住家での全壊率は、岩手県の八一・一%が最も高く、宮城県の四九・四%が続き、福島県は一五・一%であり、これも大津波に遭ったかどうかが全壊か否かに直結している。福島県内の全壊棟数は一万六二八〇棟であり、そのうち最も多いのはいわき市の六二六八棟で、県内全体の三分の一強を占めている。これに次いで南相馬市、郡山市、相馬市、須賀川市などである。半壊はいわき市が三万三三七六棟で、福島県内被害の約半分を占めている。一部破壊は一〇万三二三四棟であり、最も多かったのは郡山市の四万四三六八棟、いわき市の一万六三一四棟が続いている。全壊は沿岸部が多く、一部損壊はむしろ中通りの市町村で目立っている。いまではほとんど見られなくなったが、屋根には雨漏りよけ

［図5-1］東日本大震災による市町村別人的被害(右)と建物被害(左)

❖出所：警察庁資料により作成

のブルーシートがかぶせられていた。また、土蔵などの歴史的建築物にも大きな被害があり、内陸部の須賀川市では一〇〇以上の土蔵が崩れ、歴史文化を醸し出す街並みの景観が失われている。

岩手県から福島県にかけての太平洋沿岸の平坦部は、大津波による塩害だけでなく、地盤沈下によって海水が湛水しており、その状態は改善されていない。多くの湛水地は防波堤を失って太平洋とつながる状況であり、台風による新たな被害の発生が恐れられている。

農水省によれば[3]、津波により流失や冠水などの被害を受けた農地は、全国で二万三六〇〇ヘクタールであり、これは日本の総耕地面積の二・六%にあたる。被害農地の内訳を見ると、水田が八五・四%の二万一五一ヘクタールを占め、畑は一四・六%の三四四九ヘクタールであった。東北三県で最も広い被害を受けたのは宮城県一万五〇〇二ヘクタールであり、同県の総耕地面積の一一・〇%を占めている。福島県の被害面積は五九二三ヘクタールであり、対耕地面積比率は四・〇%である。岩手県は一八三八ヘクタール、一・二%であった。市町村別で耕地の被害面積比率が最も大きかったのは、岩手県では陸前高田市六二・一%であり、宮城県では七ヶ浜町九三・四%、福島県では相馬市三三・五%である。ほとんどの被災農地には瓦礫やヘドロが堆積しており、悪臭の発生のみならず、感染症の流行が危惧された。

大津波は水産業にも大きな打撃を与えている。水産庁[4]によれば全国で漁船二万七一八隻、漁港施設三一九ヵ所、養殖施設、養殖物、市場・加工施設など共同利用施設の多数が津波の被害を受け、その被害額は八九五二億円と推計された。特に岩手県・宮城県・福島県の漁業は壊滅的な打撃を受けた。漁船に限ってみても、岩手県では一万五二二隻のうち五四・四%の五七二六隻が、宮城県では一万三五七〇隻のうち八八・五％の一万二〇一一隻が、福島県では一〇六八隻のうち八一・七％の八七三隻が被害を受けていた。陸上に取り残された漁船のみならず、漁網もほとんど失われ、漁場の瓦礫処理もかなり遅れた。

公共施設も大きな被害を受けた。内閣府(5)によれば、東日本大震災による被災地ストック(社会資本・住宅・民間企業設備)の毀損額は約一六兆〜二五兆円と推計された。このうち岩手県・宮城県・福島県の被災地の毀損額は約一四兆〜二三兆円と推計されており、三県のストック額約七〇兆円の二〇・〇〜三二・八％を占めていた。阪神・淡路大震災の被災地の毀損額が約九・六兆〜九・九兆円と推計され、対兵庫県ストック総額(約六四兆円)との比率では一五・〇〜一五・四％であったことと比べても、東日本大震災が東北三県にいかに大きな打撃を与えているかがわかる。

日本政策投資銀行(6)によれば、岩手県沿岸部の推定資本ストック被害額は三・五兆円で被害率は四七・三％に達した。宮城県沿岸部は四・九兆円で、被害率は二一・一％、福島県沿岸部は一・九兆円で、被害率一一・七％であった。福島県によれば、二〇一一年四月下旬現在で地震・津波による被害総額は九五一二億円と試算された。内訳では、農林水産関係が約二七五三億円、公共施設などが約三一六二億円、商工業関連が約三五九七億円であった。なお、公共施設などについては南相馬市の一部や双葉八町村の概算被害額は含まれていないので、今後さらに被害額は増加することになろう。また原発事故による風評被害はこのなかには入っていない。

3 原発事故がもたらす福島県への悪影響

東日本大震災は、福島県においては地震や津波による被害以上に原発事故による放射線被害と、それから波及する風評被害が深刻な問題となった。

福島第一原発の原子炉は三月一二日に炉心溶融が起き、まず一号機で水素爆発が起き、同日五時には第一原発から半径一〇キロメートル圏内の住民に「避難指示」が出され、その避難指示圏域は一八時には半径二〇キロメートルに拡大された。さらに三月一四日には三号機で水素爆発が起き、三月一五日には四号機も出火するなど、第一原発が制御不能な状況に陥り、第一原発から半径二〇～三〇キロメートル圏に「屋内退避指示」が政府から出された。四月二二日〇時には、半径二〇キロメートルの避難指示圏域が法律に基づいて立入りが禁止される「警戒区域」に設定された。「屋内退避」区域は解除されたが、これに代わって浪江町津島地区、飯舘村、葛尾村、川俣町山木屋地区などが「計画的避難区域」に、半径二〇～三〇キロメートル圏で計画的避難区域以外の広野町・楢葉町・川内村の全域と田村市都路地区・南相馬市原町区が「緊急的避難区域」に指定された。

放射線量測定が地点ごとにきめ細かく進むにつれて、五〇キロメートル圏外に位置する伊達市霊山町上小国・下小国・石田・相葭地区で放射線量が年間積算で二〇mSv（ミリシーベルト）を超える「ホットスポット」が局所的に見つかり、これらが六月一六日に「避難勧奨地点」に指定された。福島市においては、放射線量が比較的高い大波地区や渡利地区で側溝などの除染がおこなわれ、放射線量が比較的低い地域に市営住宅を建設し、住民の一時的移転も取り組まれている。

放射線被害の特徴は何よりも避難者の帰還率の低さに表れている。震災に伴う避難所入所者の数は、東日本大震災の発災の一週間後で三八万六七三九人で、この数は阪神・淡路大震災の一・二五倍、中越地震の五・〇五倍であり、非常に高い水準にある。(7) 内閣府によれば、東北三県の二〇一一年五月一日現在での避難所入所者数は一〇万五一四七人であり、その後は減少を続け、七月一二日には三万六三五二人となった。県別で見ると岩手県の避難所入所者は五月一日現在で四万一二五七人であったが、急速に減少し、七月一二日には約七分の一にあたる六一二七人にまで減った。宮城県の避難所入所者も三万八〇七二人から約三分の一の一万三二三五人へと減少した。

これに対して、福島県の避難所入所者は二万五九一五人から減少してきているものの、なお約六五%の一万六九九〇人にとどまった。福島県によれば、二〇一一年七月四日現在での総避難者数は八万九三人であり、そのうち避難所入所者数は県内で一万六六九九人、県外で三万五七七六人であった。残りの二万七三二七人は親族・知人宅などに避難していることになる。県内での避難所入所者のうち、避難所への一時避難者は二五九七人、旅館・ホテルなどの二次避難者は一万四三九三人であった。福島県から県外への避難者は、二〇一三年四月現在でも、北海道から沖縄県まで全国におよんでいる。最も多いのは新潟県七五二八人であり、これに東京都四〇〇八人、埼玉県二七〇六人、栃木県二五七六人、群馬県二五〇八人などが続いた。

原発避難者は、福島大学今井研究室の調査(8)によると、八割が震災前に暮らした土地に戻りたいが、戻れないという状況におかれていた。しかも三ヵ月間で避難先を転々とする住民の姿も浮き彫りになっている。調査対象者四〇七人のうち、避難先が三ヵ所以上という割合が最も多く二四・三%、これに二ヵ所目二二・三％、四ヵ所目一八・一％が続く。最も回数が多かった避難者は一二ヵ所目であった。帰還への住民の意向分布を福島第一原発の一〜四号機が立地する大熊町住民アンケート結果(回答三四一九)から見ると、「帰還一〜二年で」が四一・七％であり、早期帰宅を望んでいる。(9)

帰還の条件は、国が安全であるとの指示が出されることを前提とし、ライフラインなど生活基盤の整備が三七％で最も多く、これに「町民がある程度戻ったら」二五％や「放射線量が下がること」一〇％などが続いている。問題は「放射線が不安だから戻るつもりはない」が九％あることである。南相馬市の調査(六月二五日)では、住民基本台帳人口数七万一四九四人(二月二八日)のうち、市内居住者数は四八・二％、市外避難者数は四五・三％、所在不明者が六・四％となっている。年齢別では子どもとその母親の多くが市外に避難していることが推定されるが、このことは保育園の園児数が二二％、幼稚園の園児数が一二％、小学校の児童数が三五％、中学校の生徒数が四七％に減少していることからもわかる。

放射線被曝問題は住民の避難だけではない。警戒区域・計画的避難区域・緊急時避難区域内にある双葉郡八町村および相馬郡飯舘村は行政機能の避難も余儀なくされた。飯舘村は福島市に、浪江町は二本松市に、双葉町は埼玉県加須市に、大熊町は会津若松市に、葛尾村は会津坂下町に、富岡町と川内村は郡山市に、楢葉町は会津美里町に、広野町はいわき市に、それぞれ役場を移した。役場機能は住民の避難、被害の賠償、仮設の建設、産業・地域の復旧・復興などを進める司令塔であり、その充実は不可欠である。

福島第一原発事故は国際評価基準からレベル7(深刻な事故で、放出量が数万TBq〈テラベクレル〉)と評価され、そこからの放射性物質の放出量はヨウ素131が一五万TBq、セシウム137がヨウ素換算値で四八万TBq、合計で六三万TBqと見積もられている。これは、チェルノブイリ原発事故の一割程度と推定されている。

放射性物質による汚染分布の実態は、モニタリングが進むにつれて明らかとなり、第一原発敷地内では毎時九〇〇mSv（ミリシーベルト）を観測する瓦礫が見つかり、ヨウ素131、セシウム137、ストロンチウムだけでなく、プルトニウム汚染も確認された。一時帰宅が認められていない半径三キロ圏内では、空間放射線量が毎時四〇～一一〇μSv（マイクロシーベルト）観測された。半径一〇キロ圏では毎時数μSv～数十μSvが観測され、全体としては第一原発から離れるにつれて逓減していく。しかし、北西方面の浪江町津島地区から飯舘村にかけては、毎時二〇μSvを超える放射線量が観測されており、これは水素爆発以降の気流や降水の影響を受けたものである。こうした地域の一部では、水素爆発後一年間で積算線量二〇〇mSvを超える外部被曝が推定された。

放射線による被曝は外部にとどまらず、水や食品の汚染を通じた内部被曝のリスクも高まっていた。三月一七日に福島市の水道水から放射性ヨウ131が一キログラム当たり一七七ベクレル検出された。福島市は国の基準三〇〇ベクレルを下回ったものの、飯舘村では基準を超え、一時、飲用制限措置がとられた。東京二三区内の金町浄水場でも放射性物質が検出され、一時、乳幼児の飲用制限がとられた。三月一九日には福島県川俣町山木屋地区の原乳が国の基準値を超えた。放射性ヨウ素131は、その半減期が約八日であることから、五月以降になると農産物からは検出されなくなり、六月八日には福島県の緊急時避難区域における原乳出荷制限は解除された。もちろん警戒区域と計画的避難区域からの原乳の出荷制限は続いた。

放射性セシウム137の半減期は約三〇年であり、これによる汚染が長期的に福島県の農業や漁業に大きな打撃を与えている。国の基準値を超える放射性セシウムが最初に検出されたのは、茨城県高萩市のほうれん草であるが、福島県内のみならず茨城県・栃木県・群馬県の原乳や野菜が汚染され、さらに静岡県の荒茶からも検出された。福島県の果実でも、福島市の梅から基準値を超える放射性セシウムが検出され、主力である桃からも検出される危惧がもたれた。福島県農業の主力である水稲については、表土を除去することなく水が張られたことから、土壌に含まれた放射性セシウムの影響が懸念された。

畜産については、汚染された牧草や稲藁などの飼料の使用制限を徹底できなかったことから、基準値を超える放射性セシウムを含む牛肉が全国市場に出回り、政府から福島県全体の出荷制限が指示された。また。園芸用堆肥や下水ヘドロの焼却処理からも検出され、その影響は東日本の範囲におよんできている。魚介類についても、いわき市沖におけるイカナゴ稚魚に高い放射性ヨウ素と放射性セシウムが検出された。食物連鎖による大型魚への汚染の進行が今後、懸念されている。川魚にあっても同様である。

放射線問題による経済的実害は、農林水産物に限定されない。農産物加工品のみならず、工業製品一般に対しても、部品に対しても、放射線測定の要求が強まった。観光業は放射線被曝への恐れから、たとえ空間放射線量が暫定基準値以下である会津地方であっても、例えば会津東山温泉では三、四ヵ月先までキャンセルが相次いだ。問題はそれだけにとどまらず、例えば、子どもに対するいじめや、福島からの避難者「受入拒否」、福島県内ナンバーの乗用車やトラックでの県外店舗利用拒否、県内大学での合格者の入学辞退、相馬地方には宅配便が来なくなったなど、物流面でも支障が出た。今後、福島差別ともいえる状況が広がることが懸念されている。

4 復旧・復興への対応

岩手県・宮城県・福島県の特徴

東日本大震災からの復興に向けての「公助」政策は、基本的方向性と具体的事業というおおむね二段階で構成されている。国の場合であれば「復興構想」と「復興計画」であり、復興構想会議（二〇一一年六月二五日）から首相に「提言」が出された。岩手県では六月一四日に、復興に向けて目指す姿や原則、具体的取り組みの内容などを示す「復興基本計画」と、施策や事業、工程表などを示す「復興実施計画」とで構成される「復興基本計画案」が策定された。宮城県では震災復興会議が「震災復興計画」を、また福島県では復興ビジョン検討委員会が復興ビジョン・計画を、それぞれ八月に取りまとめる予定で検討が進められた。

復興理念として、国は「復興構想七原則」を掲げている。すなわち復興への起点は「『いのち』への追悼と鎮魂」（原則一）であり、「地域・コミュニティ主体の復興」（原則二）が基本である。被災地東北における産業再生は、「技術革新」によって「潜在力」を活かすこと（原則三）にあり、地域建設のキーワードは「地域社会の強い絆」、「災害に強い安全・安心」、「自然エネルギー活用」（原則四）である。被災地の復興は、日本経済の再生と密接に結びつかなければ、「真の復興」とはいえないとしている（原則五）。ただし、原発被災地域への支援と復興については、「一層のきめ細やかな配慮をつくす」（原則六）とし、最後に「国民全体の連帯と分かち合い」（原則七）としての負担問題が強調されている。

岩手県は「めざす姿」を「いのちを守り　海と大地と共に生きる　ふるさと岩手・三陸の創造」におき、これに向けた姿勢として、①安全の確保、②暮らしの再建、③なりわいの再生、という復興三原則を掲げた。
宮城県は「基本理念」として、①災害に強く安心して暮らせるまちづくり、②県民一人ひとりが復興の主体・総力を結集した復興、③「復旧」にとどまらない抜本的な「再構築」、④現代社会の課題を解決する先進的な地域づくり、⑤壊滅的な被害からの復興モデルの構築、の五つを掲げた。

宮城県と岩手県との間で「基本理念」に盛り込まれている思想の違いは、国の復興構想会議の議論でも明らかであるが、典型的には漁業再生の方向性の違いに見ることができる。宮城県では「水産業は壊滅的な被害を受けたことから、水産業集積拠点の再構築、漁港の集約再編および強い経営体づくりを目指」すとしている。「強い経営体」は漁業権の変更により民間企業の参入によって実現しようとするものであり、いわゆる「構造改革」を進めるものである。これに対して岩手県は「漁業協同組合による漁船など生産手段の一括購入、共同利用システムの構築支援」を掲げ、漁業協同組合を核に据えている。農林業では岩手県・宮城県ともに農地の大規模集約化や園芸作物の導入、野菜工場をうたう共通性がある。

福島県が宮城県・岩手県と違うのは、やはり原発事故による住民の避難がなお継続しており、エネルギー政策において「原子力依存からの脱却」、すなわち「脱原発」の姿勢を明瞭にしたことにある。福島県は、①原子力に依存しない、安全・安心で持続的に発展可能な社会づく

[表5-1] 岩手・宮城・福島3県の復興計画

	岩手	宮城	福島
策定時期	9月	9月	12月
津波対策	住宅の高台移転。防潮堤や道路のかさ上げで津波を分散、低減	住宅の高台移転と堤防機能の強化を組み合わせ	道路などインフラの防災機能強化。防災教育の推進
水産業	漁協を核として養殖施設などの共同利用促進	水産業特区を検討。5漁港を重点整備	漁船の共同利用による協業化推進
農林業	農地の集約、収益性の高い園芸作物の導入	生産法人などへ農地集約。稲作から施設園芸への転換	農地の大規模化。再生可能エネルギーを利用する野菜工場
産業振興	復興支援ファンドなどで二重ローン対策	特区で自動車や食品関連など誘致	医療機器産業振興。街づくり会社設立
エネルギー政策	太陽光発電や風力発電などの導入促進を検討	復興住宅に太陽光発電パネル設置。被災地に熱電供給を導入	原子力依存から脱却。再生可能エネルギー関連産業を集積

❖出所:『日本経済新聞』2011年7月19日付
❖注:岩手県、宮城県の復興計画原案と、福島県の復興ビジョン素案などから作成

り、②ふくしまを愛し、心を寄せるすべての人びとの力を結集した復興、③誇りあるふるさと再生の実現、の三つを掲げている。当初、必ずしも積極的でなかった福島県知事も、福島県復興ビジョン検討委員会の「脱原発」提言を受け、また県議会全体も「脱原発」に傾いてきたこと、国の復興構想会議からの提言の第三章の「原子力災害からの復興に向けて」において、「原子力災害に絞った復興再生のための協議の場」を設けることが明示された。こうしたことなどを受け、福島県は「原子力に依存しない」姿勢に転換した。

しかし理念はともかくとして、現実での転換はそう単純ではない。福島第一原発五、六号機と第二原発の今後についての市町村長アンケートによれば、福島県内五九市町村長のうち再開と回答した人はゼロであったが、廃炉二六人、当面停止二三人、その他一〇人であり、第一、第二原発が立地する双葉四町であっても、財政や雇用の心配から「当面停止」あるいは「その他」と回答している。原発立地町村以外では「廃炉」や「当面停止」と回答する市町村が多いが、福島市などの中核都市からは「その他」の回答が寄せられている。

復旧と復興との概念的な区別は、国の復旧・復興対策では明確でない。二〇一一年七月二一日の復興基本計画骨子によれば、復旧・復興事業は一〇年間で総額二三兆円であり、当初の五年間にその八割の一九兆～

[図5-2]福島県市町村別電源依存度と原発廃炉への意向

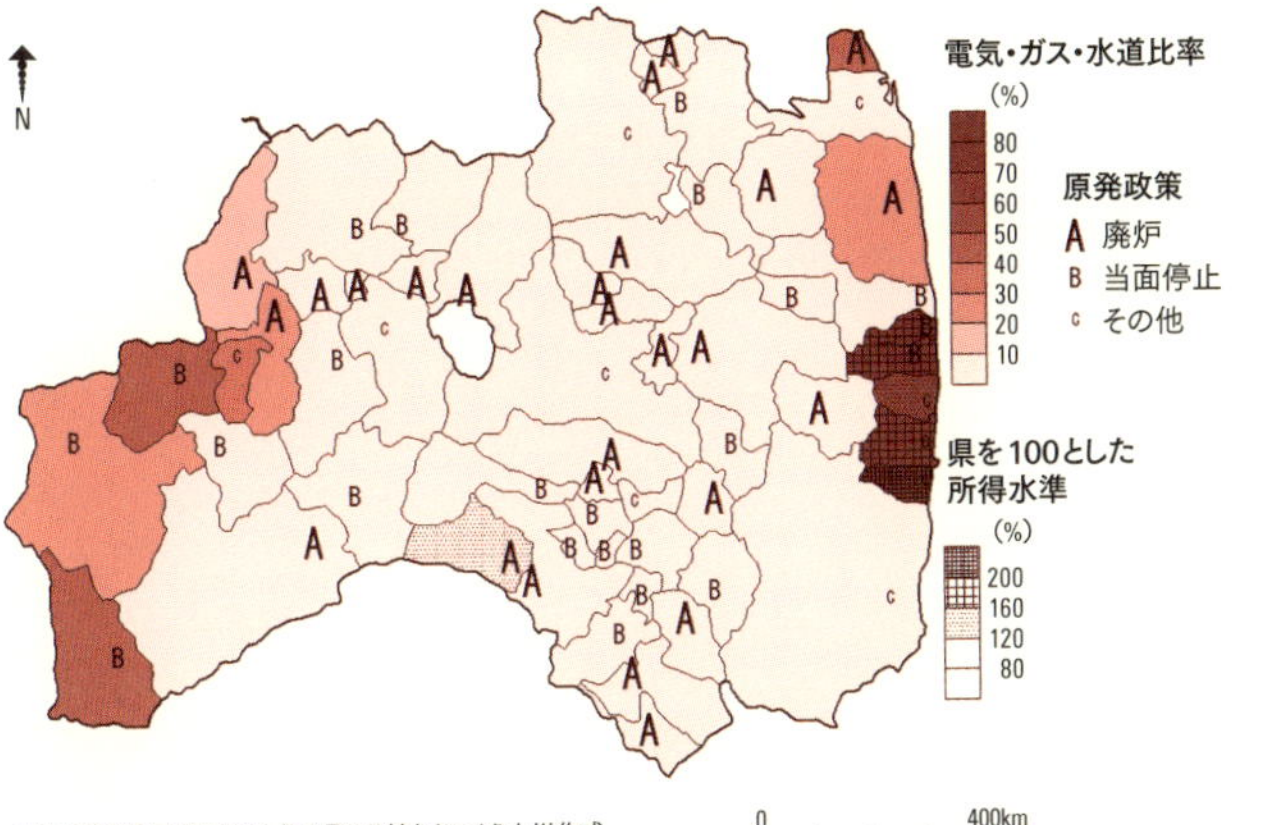

❖出所:『福島民報』2011年7月8日付などにより山川作成

二〇兆円程度を集中させるとしている。復興支援の基本は、「復興特区制度」と「使い勝手のよい交付金制度」の二本柱であり、具体的な施策としては、①土地利用の調整を迅速におこなうため手続きを一元化する、②権利者の所在が不明な土地を地方自治体が一時的に管理可能にする、③被災地に最新型の太陽光・風力発電設備の設置を促進し、再生可能エネルギーシステムの関連産業を集積する、④二〇一一年度税制改正法案に盛り込まれた国税と地方税を合わせた法人実効税率の五%引き下げは与野党間の協議を経て実施を確保する、⑤農業経営再建のための金融支援を実施する、⑥木質系震災廃棄物を活用した熱電供給を推進する、⑦漁業者が主体的に企業と連携できる特区を創設する、⑧原発災害からの復興のための自治体と国の協議の場を立ち上げる、⑨福島県を医療機器の研究開発拠点にする、などがあがっている。

岩手県は復興計画期間を八年間とし、二〇一一年度から三年間を第一期基盤復興期間としている。第二期は二〇一四年度からの三年間であり、本格的復興期間としている。第三期は二〇一七年度からの二年間であり、さらなる展開への連結期間としている。

宮城県は全体の計画期間を一〇年間とし、二〇一一年度からの三年間を復旧期としている。二〇一四年からの四年間を再生期とし、二〇一八年からの最後の三年間を発展期としている。福島県は復興ビジョン・計画(第一次)の期間を一〇年間とし、今回の災害によるダメージから従前の姿に戻すまでを「復旧」とし、震災の結果を踏まえてより良い状態にすることを「復興」としている。ただし、復旧期間と復興期間の年限は、まだ原発事故が収束してはいないので、明示されていない。とはいえ、復旧段階では原子力災害の克服と緊急的対応とがあがっている。緊急的対応はインフラなどでの応急的復旧、生活再建支援、市町村の復興支援などである。ついで復興段階は「ふくしまの未来を見据えた対応」であり、これには、①未来を担う子ども・若者の育成、②地域のきずなの再生・発展、③新たな時代をリードする産業の創出、④災害に強く、未来を開く社会づくり、⑤再生可能エネルギーの飛躍的推進による新たな社会づくり、などが取り組まれる。

5 地域復興における地理学の視点
日本学術会議の議論から

地域再生に向けた復興ビジョンや復興計画に地理学はどのように挑戦しようとしているのであろうか。日本地理学会は、二〇一一年六月二九日に八項目からなる「東日本大震災からの復興に向けた地理学からの提言」を出している。地理学の視点を論じるうえで有益であると考えられる指摘は、「自然環境の特徴および自然に対する人間のインパクト」「自然と人間との関係のあり方」「自然から社会・経済・文化を含めた地域に関する諸問題の研究」などである。こうした視点を復旧・復興計画で生かしていくためには、「新しい開発理念に基づく復興グランドデザインの策定」が必要となるが、残念ながらその内容までは説明されていない。

この課題に接近しうる素材は二〇一一年四月五日に出された「東日本大震災に対応する第三次緊急提言のための審議資料」の「地理学関係分科会からの提言」(以下、「地理学からの提言」)に含まれている。この「地理学からの提言」は一四項目からなっており、大きくは四つにまとめることができる。

第一は被害状況の正確な情報把握における地理学の役割である。ここでは地理情報システムの積極的な活用により避難・被害情報の地図による視覚化をいち早くおこなうことであり、これは災害復旧と復興の前提条件ともなる。国・地方自治体・NPO・NGOなどとの間で一元的に情報共有をおこなうことで、例えば避難者支援、ライフライン復旧、支援物資配分、罷災証明発行、瓦礫撤去作業、仮設住宅建設、ボランティア活動の受け入れなど、被災状況の把握と被災地ニーズにあった人材・物資・機材などの配賦をおこなうことができ、被害を最小限にとどめることを可能にする。また復旧に向け地域の実情にあったロード・マップをより早く作成することができるようになる。

第二は災害復旧・復興にかかわる協働体制の整備における地理学の視点である。ここでは、広域災害に対応する自治体間広域支援体制やボランティア活動受入れ体制の確立、原発事故処理における国内外の専門家の知の利活用の促進などが提起されている。こうした協働体制を構築する基盤としても、地理情報システムは役立たせることができよう。

第三は復旧・復興まちづくりをどのようにおこなっていくかである。これは避難段階においては地域アイデンティティが保持できる生活環境の整備が必要であること、また復旧・復興段階にあっては、災害以前の多様な地域文化や地域社会の特性を生かすことを基本としつつ、「脱原発」を念頭において、再生可能なエネルギーを利用するコンパクトな歩いて暮らせるまちづくりが提起されている。このコンパクトな歩いて暮らせるまちづくりは、地方圏であれ、大都市圏であれ、中央集権的な一極集中型ではなく、地域主権的なクリスタラー型の都市システムが念頭におかれている。こうした地域主権的なまちづくりのマネジメントは土地利用や環境規制を通じて都市空間に秩序をもたらすだけでなく、災害に強いという危機管理にも適していることが強調される必要があろう。

第四は競争力のある産業育成であり、これは地域資源を活用する地域イノベーションである。その内容に関する十分な論究はないが、地域に賦存する知的資源をいかにクラスターとしてまとめあげ、地域独自の知識集約型産業をいかに創出していくのかが課題とされている。(10)

(1)……本章は、山川充夫「地域復旧・復興と地理学――FUKUSHIMAからの視点」『歴史と地理』第六四八号(二〇一一年)、二七―三七ページを一部修正したものである。福島県については可能な限り現時点(二〇一三年四月)の状況に合わせて修正したが、岩手県・宮城県については修正できていない場合がある。

(2)……以下の主たるデータは、第一二回復興構想会議『提言資料編に使用する資料(作成中)』二〇一一年六月二五日(http://www.cas.go.jp/jp/fukkou/pdf/kousou12/shiryo.pdf)による。

(3)……農林水産省「津波により流出や冠水等の被害を受けた農地の推定面積」二〇一一年三月二九日(http://www.maff.go.jp/j/press/nousin/sekkei/pdf/110329-02.pdf)。

(4)……水産庁「東日本大震災」二〇一一年四月二日(http://www.jfa.maff.go.jp/j/kikaku/wpaper/h22/pdf/h22_hakusyo3.pdf)。

(5)……内閣府『月例経済報告等に関する関係閣僚会議震災対応特別会合資料――東北地方太平洋沖地震のマクロ経済的影響の分析』二〇一一年三月二三日(http://www5.cao.go.jp/keizai3/getsurei-s/1103.pdf)。

(6)……日本政策投資銀行『(別紙)推定資本ストック被害額』二〇一一年四月二八日(http://www.dbj.jp/ja/topics/dbj_news/2011/files/0000006633_file1.pdf)

(7)……内閣府「【避難所生活者の推移】東日本大震災、阪神淡路大震災及び中越地震の比較について」二〇一一年六月一五日(http://www.cao.go.jp/shien/1-hisaisha/pdf/5-hikaku.pdf)。

(8)……『朝日新聞』二〇〇一年六月二四日付。

(9)……『朝日新聞』二〇一一年七月二二日付。

(10)……日本学術会議地域研究委員会人文・経済地理及び地域教育(地理教育を含む)分科会等主催シンポジウム『人口減少社会を地域の文脈で考える――地域イノベーションの可能性』二〇〇八年八月五日。

第六章

原子力災害と南相馬市復興ビジョン

1 東日本大震災と原発事故

二〇一一年三月一一日に福島第一原子力発電所(福島第一原発)は、原子炉冷却システムが大地震と大津波により破壊され、炉心溶融に続き、三月一五日には建屋内で水素爆発が起き、大量の放射性物質が外部に放出された。第一原発の半径一〇キロメートル圏および浪江町津島地区・飯舘村など阿武隈北部地域では高い濃度の放射性物質が蓄積された。これらの地域は高い放射線量が測定されており、当初、警戒区域・緊急時避難準備区域・計画的避難区域・特定避難勧奨地点などに指定され、その後、帰還困難区域・居住制限区域・避難解除準備区域に再編され、一部地域では帰還が可能となった。大熊町で最も高い測定値を示しているのは、第一原発から約三キロメートル西にある夫沢三地区集会所のモニタリングポストであり、二〇一三年四月二四日時点で二九・〇八マイクロシーベルト/時(μSv/h)であった。

福島市から郡山市にかけての福島県中通り地域は、避難指示区域の指定がないとはいえ、原子雲が通過した後は約一μSv/hの線量が測定された。四月二四日時点では福島市で約〇・五μSv/h、郡山市で約〇・二μSv/h、白河市で約〇・一μSv/hの空間放射線量が観測された。これらの地域の事故前の測定平常値は〇・〇四~〇・〇六μSv/hであるので、現在でも約二~一〇倍の空間線量となっている。会津若松市は約〇・〇八μSv/hが観測され、平常値は〇・〇四~〇・〇五μSv/hであるので二倍弱の水準にあった。いわき市は現時点で約〇・一μSv/hであり、平常値は〇・〇五~〇・〇六μSv/hであるので、ここも二倍弱の水準にある。

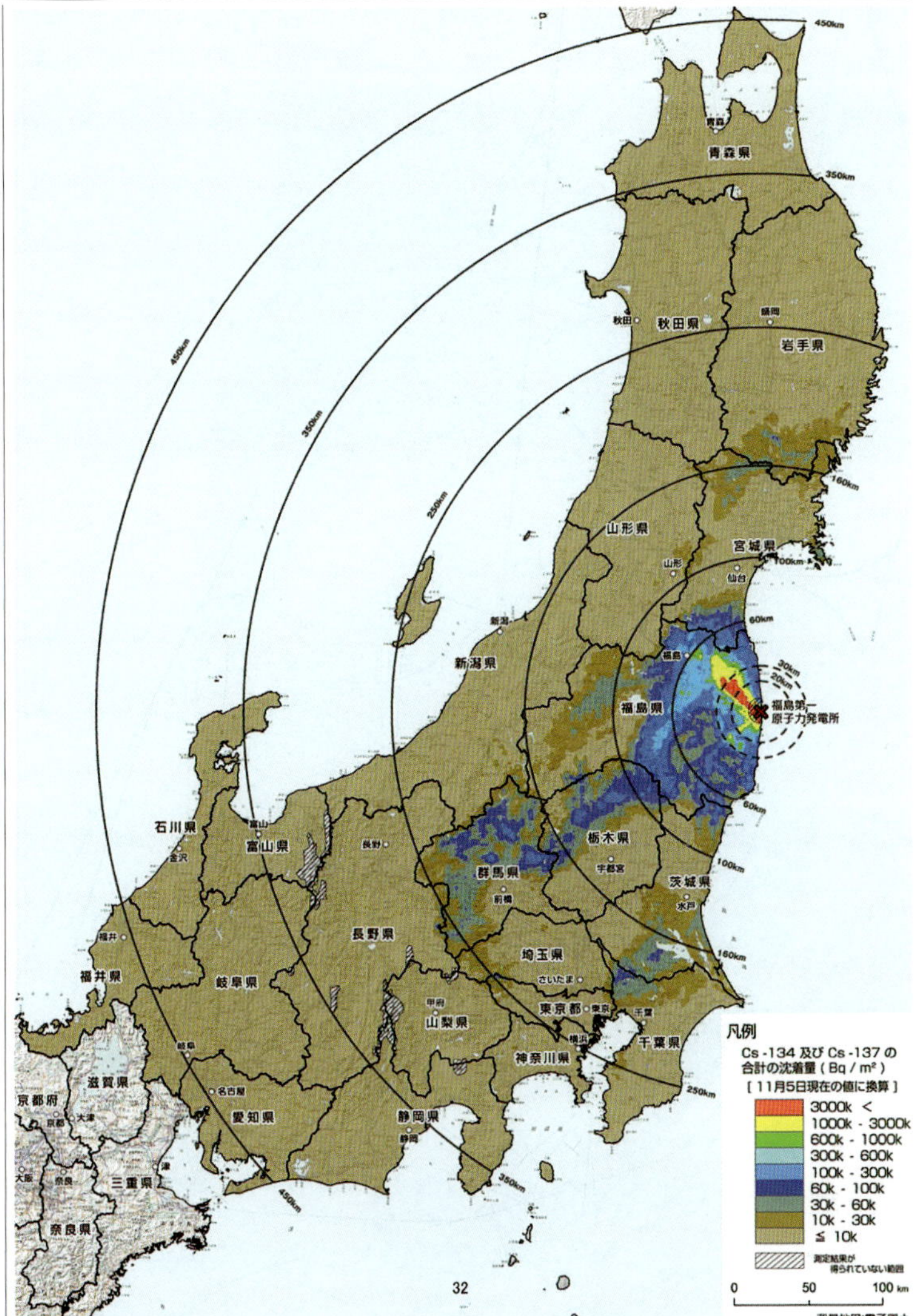

［図6-1A］東京電力
福島第一原子力発電所事故で
放出された
セシウム134、137の沈着量の分布

第４次航空機モニタリングの測定結果を反映した
東日本全域の地表面におけるセシウム134、137の沈着量の合計
❖出所：http://radioactivity.nsr.go.jp/ja/contents/5000/4901/24/1910_1216.pdf

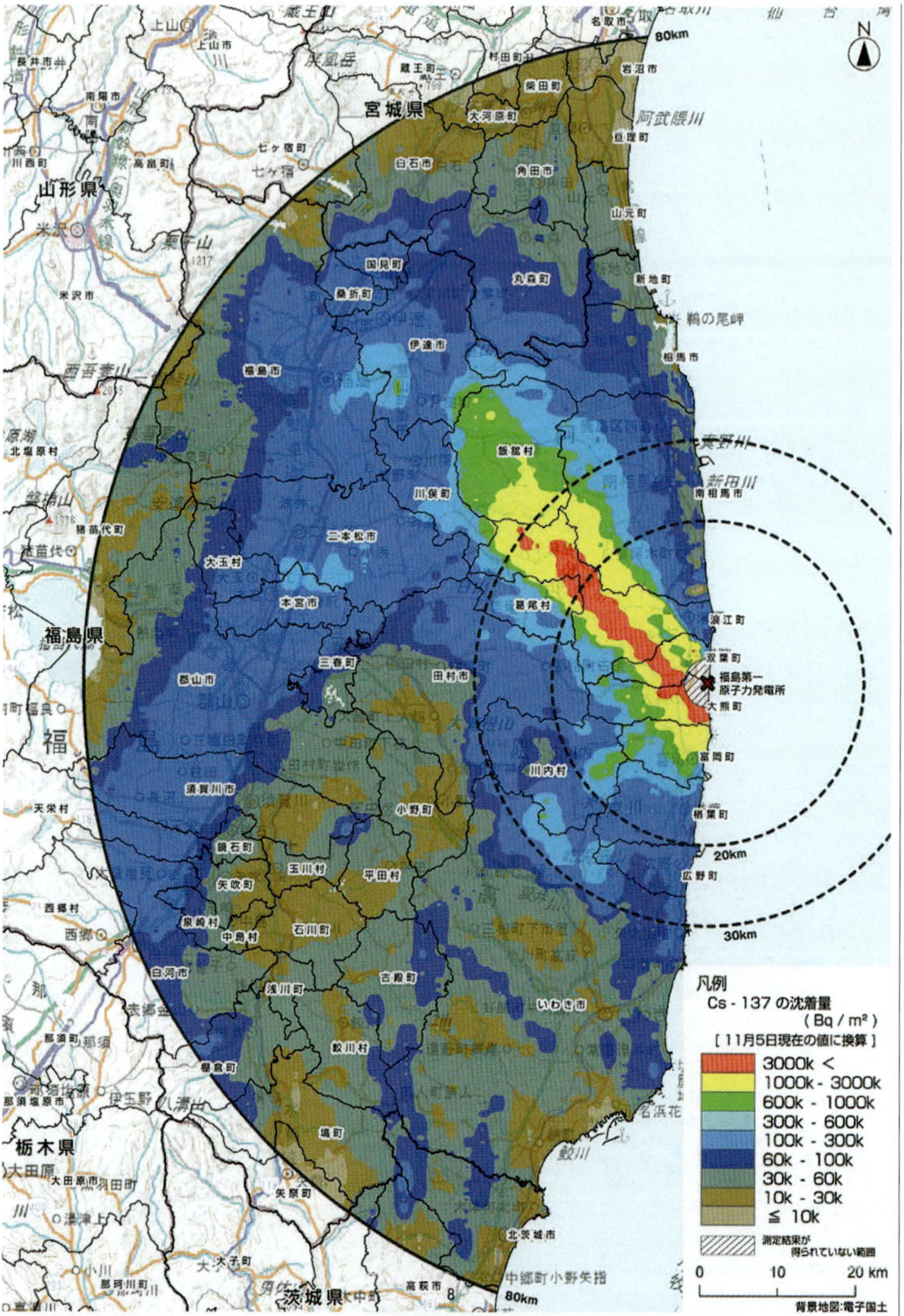

**[図6-1B] 東京電力
福島第一原子力発電所事故で
放出された
セシウム137の沈着量の分布**

文部科学省による第４次航空機モニタリングの結果
（福島第一原子力発電所から80km圏内の地表面への
セシウム137の沈着量）

❖出所：http://radioactivity.nsr.go.jp/ja/contents/5000/4901/24/1910_1216.pdf

本章では東日本大震災と原発事故による放射線問題が地域の復旧・復興にいかなる困難をもたらしていたかについて、福島県南相馬市を事例として紹介したい。南相馬市は福島県北東部の太平洋岸部にあり、二〇一〇年三月末の人口は七・一万人で、福島県等の出先機関が集中する相双地域の中心都市である。震災による福島県内での死者・行方不明者は、南相馬市が六七三人で最も多く、相馬市三四九人、浪江町一八三人、新地町一一〇人などが続いた。南相馬市の住宅被害は全壊率二一・二％、半壊率四・四％であり、津波の浸水深が二メートル前後を超えると全壊の確率が高まる。南相馬市の浸水範囲はおおむね海岸から国道六号線までの低地であり、津波被害面積は四〇・八平方キロメートルに及び、可住地面積に対する浸水比率は二一・四％であった。

放射性物質による経済的実害は、福島第一原発事故により警戒区域等の半径三〇キロメートル圏内にとどまらず、福島県全体に及んでいる。福島県浜通り地域は原子力発電所や石炭火力発電所が立ち並ぶ日本でも有数の電源地帯であり、市町村民所得のかなりの部分を電気・ガス・水道業（以下、電気等業）に依存していた。とくに双葉（八〇％）、大熊（七一％）、富岡（六一％）、楢葉（七八％）、広野（八一％）の五町での依存度は高く、その源泉は原発である。[1] しかし炉心溶融により水素爆発を起こした第一原発のみならず、ほぼすべての発電所が停止した。食品汚染は、第一次産業に大きな影響を与えた。第一次産業への依存度は飯舘（一〇％）、葛尾（一七％）、川内（一六％）など阿武隈山地の三村で相対的に高い。[2]

経済的打撃を受けた南相馬市の二〇〇八年度の総生産は二六六四億円であった。うち電気等業は二八％の七三〇億円を占め、原町石炭火力発電所がその主要な源泉である。第一次産業の総生産は二％の五八億円であった。農業は津波による水田塩害や湛水被害だけでなく、原子力災害の区域指定による水田や畑地での作付停止や畜産品の出荷停止で壊滅的であり、今後、区域指定が解除されたとしても、従前の生産水準に簡単には戻ることができない。漁業においては漁場、漁港、漁船が破壊され、放射能汚染の影響もあり、再開の見通しが立っていない。林業にあっては山間部の放射線量が平野部よりもかなり高いため、入山することができない。

2　放射線被曝の恐れと分散的避難

原子炉破綻と放射性物質の外部飛散は、まず避難者のショック的急増に現れている。福島県からの県外避難者を県別にみると、二〇一一年七月二八日現在で、北海道から沖縄県までの全国に及んでいる。最も多いのは山形県の七・七千人であり、これに新潟県七・六千人、東京都五・六千人が続いている。避難者の居住形態は、公営・民間住宅が最も多く三〇・〇千人であり、親類・知人宅一三・一千人、旅館・ホテル四・一千人、避難所一・七千人である。福島県内での避難者は、九・六千人であり、体育館・公民館などの一次避難所への避難者は一・一千人であり、旅館・ホテルなどへの二次避難者は八・五千人であった。福島県内での避難者は約一ヵ月間で六・五千人減少

[図6-2] 福島県市町村内総生産額と部門構成（2008年）

❖出所：福島県市町村経済計算（2008年）より作成

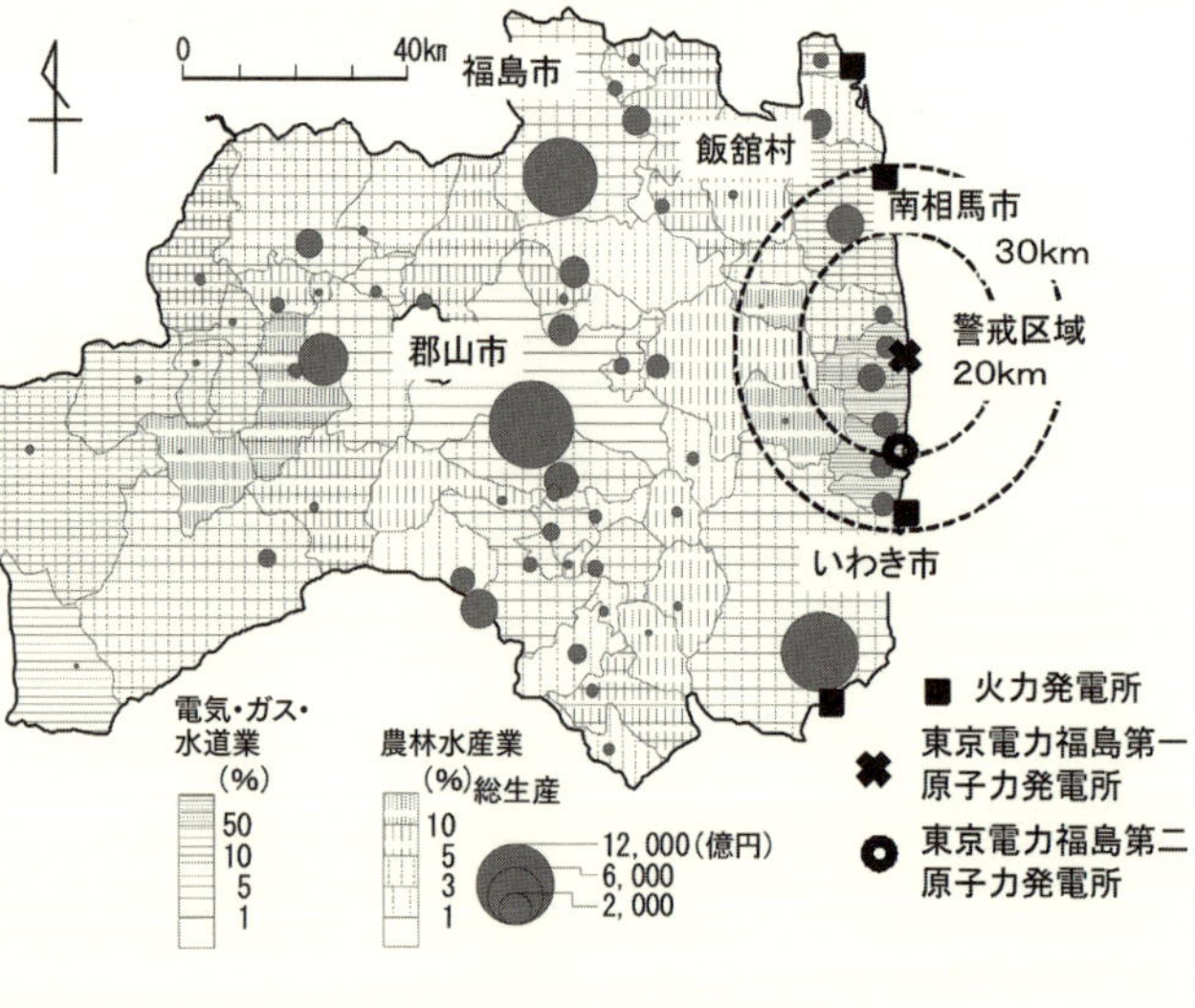

したが、これは避難所から仮設住宅や借上住宅への移住によっている。

第二次避難者の避難先で最も多いのは猪苗代町一九四八人であり、ここには浪江町民が多く避難していた。次いで多いのは福島市一八二〇人であり、ここには南相馬市民が多く避難していた。第三位の会津若松市一三四三人には、大熊町民が多く避難している。いわき市には八〇三人が避難しており、広野町民の避難者が多かった。浪江町民の避難者が多い北塩原村六七五人などが続いている。避難者総数ではいわき市が最も多くなり、ここには双葉郡八町村から約一・四万人が避難している。その後も増えることが予想され、今後の希望を合わせると二万人を超えると推定されている。双葉町は約九〇〇〇人の町民が役場機能ごと埼玉県加須市に避難している。計画的避難準備区域に指定された飯館村は、役場の移転先である福島市への避難が最も多く、六一三七人のうち三五六五人を占めている。

南相馬市では第一原発から二〇キロメートル圏内の住民に避難指示(三月一二日)、二〇〜三〇キロメートル圏の住民に屋内待機指示(三月一五日)が出される一方で、マイカーによる自主避難が始まった。その後、南相馬市ではバスで集団避難を誘導(三月一五日〜二五日)し、二〇一一年二月末には七万一五〇〇人いた居住人口が二〇一一年三月二六日には約一万人にまで減少した。しかし南相馬市内での空間放射線量の測定値が一μSv/hより低く、しかも安定していること、警戒区域(小高区)を除きほぼ市内全域で電気や水道が使えるようになったこと、屋内待機区域が計画的避難区域や緊急時避難区域に変更されたことなどから、六月二五日には市内居住者が三万四五〇一人にまで回復した。

3 居住地への帰還問題

南相馬市が市民に今後の住まいの希望場所をアンケート調査(3)したところ、「震災以前の住所」をあげたのは、非津波被災世帯では七八%にのぼるが、津波被災世帯では二五%にとどまった。避難者が震災・原災前と同じまたは近いエリアに住みたいと希望する理由としては、「愛着がある」「親戚や知人・友人がいる」などがあがっている。他方で市外や福島県外に住みたい理由としては、「原発事故の影響が少ないから」が第一位である。

居住者が帰還する際の第一の課題は放射能の除染対策である。法律で避難区域等が指示された地域以外でも、放射線量が局所的に高い「ホットスポット」が公園・校庭・側溝などで見つかり、これらのホットスポットの除染が母親など保護者から強く求められた。文部科学省は児童・生徒の積算線量基準を年間二〇mSv、すなわち一日八時間の屋外活動を想定して三・八μSv/hと定めた。しかしいわき市では子どもの被曝への不安を訴える市民の声が大きかったことから、七月二五日に中学生以下の子どもの被曝限度の基準値を〇・三μSv/h、すなわち年間の積算線量基準が一・五八mSvに引き下げられた。

福島県では夏休みに公立学校の過半で校庭の表土除去が進められ、市町村でも町内会等に線量計を貸し出し、通学路のホットスポットの特定とその除染を進めた。しかし、その汚染土等の処分が新たな問題となった。この処分問題は、下水処理場から発生した汚泥処理、汚染された稲わらを飼料とした汚染牛肉、牛糞を使った汚染有機質肥料など広域的な流通問題へと波及した。最も深刻なのは放射能で汚染された瓦礫の本格的除去と処分問題であり、国の基準も定まらず、まったく手つかずの状況であった。

第二は避難者の仮設入居の問題であった。福島県では二〇一一年八月四日現在で仮設住宅は一万二八〇二戸が完成し、九月末までに一万六〇〇〇戸を完成させる予定であった。しかし入居率は六割である。南相馬市では避難者の仮設住宅への入居は五月二八日から始まり、建設予定戸数二五〇〇戸のうち六月末には九一〇戸が完成し、申込者数三〇五五世帯のうち五八五世帯が入居した。南相馬市ではみなし仮設住宅としての民間借上住宅には応募世帯数が三〇二世帯あり、福島市に一〇〇戸、郡山市に八〇戸を確保している。仮設住宅への入居者は高齢者が多く、安心して歩行するために砂利道の改善要望や手すりの設置要望が出され、また買物等生活面での不便さが不満としてあがった。

第三は雇用問題である。津波被災世帯と非津波被災世帯とで異なる面もあるが、南相馬市での調査によれば、震災後の職業を聞くと、「職場が被災して休業中」「職場が被災して仕事を失った」「職場は被災していないが休業中」と回答した比率が、津波被災世帯ではそれぞれ一一%、一一%、五%であり、非津波被災世帯でもそれぞれ八%、八%、七%であり、これらを合わせると総世帯の四分の一前後に達した。「現在も同じ仕事をしている」「しばらくして同じ仕事を再開している」と回答した被災・非被災を合わせた比率はそれぞれ四四%、四九%にとどまった。

4　南相馬市の再興を阻む放射能汚染

国の東日本大震災復興構想会議は二〇一一年六月二五日に「悲惨のなかの希望」を副題とする「提言」を出し、福島県は八月一一日に「原子力に依存しない、安全安心で持続的に発展可能な社会づくり」を掲げる県復興ビジョンを決定した。南相馬市は七月二日に復興市民会議を立ち上げ、市民会議は八月六日には「心ひとつに世界に誇る南相馬の再興を」をスローガンとする基本理念を決定した。基本理念をうけた基本方針は三つからなる。第一の基本方針は「心ひとつ」を受ける「すべての市民が帰郷し、地域の絆で結ばれたまちの再生」である。第二は、「世界に誇る」を受ける「原子力に依存しない社会に向けて、世界に発信する安全・安心のまちづくり」である。第三は「南相馬の再興を」を展開する「逆境を飛躍に変える創造と活力ある経済復興」である。とくに議論の焦点になったのは、第二の基本方針であり、事務局素案では「原子力災害を克服し**災害に強い**安全・安心のまちづくり」となっていたが、市民から意見が出され、「原子力災害を克服し**世界に発信する**安全・安心のまちづくり」に修正された。世界に発信する内容は、「あらゆる英知を結集して原子力災害を克服するとともに、原子力から再生可能エネルギーへの転換やその拠点づくり、省エネルギー政策の推進など環境との共生を目指し、南相馬ならではの創造的『復興モデル』」である[**表6-1**]。なお南相馬市は六月二九日の東京

[表6-1] 南相馬市復興ビジョンの基本理念とその修正　❖出所：南相馬市資料により作成

⊙第2回市民会議		⊙第3回市民会議
心のふるさと **南相馬に生きる** 市民が一つになって安らぎとにぎわいを取り戻し、未来を拓く子どもたちが夢と希望を抱き、いきいきと育つふるさと南相馬		**心をひとつに(❶) 世界に誇る(❷)** **南相馬の再興を(❸)** 市民がひとつになって元気と笑顔を取り戻し、未来を拓(ひら)く子どもたちが夢と希望を抱く、世界に誇れる南相馬の実現
❶すべての市民が帰郷し **地域の絆で結ばれたまちの再生** 一 被災で避難している市民が地元に戻り、それまで育まれてきた絆(地域コミュニティ)の中で市民一人ひとりの生活基盤を再建する		**❶すべての市民が帰郷し** **地域の絆で結ばれたまちの再生** 一 被災で避難している市民が地元に戻り、それまで育まれてきた絆(地域コミュニティ)の中で市民一人ひとりの生活基盤を再建する
❷逆境を飛躍に変える **創造と活力ある経済復興** 一 震災により甚大な被害を受けたが、この逆境に負けずに、地元産業の再生ひいては新たな活力を創造する経済の復興を目指す	→	**❷逆境を飛躍に変える** **創造と活力ある経済復興** 一 震災により甚大な被害を受けたが、この逆境に負けずに、地元産業の再生ひいては新たな活力を創造する経済の復興を目指す
❸原子力災害を克服し **災害に強い安全・安心のまちづくり** 一 地震、津波、原子力災害により日常生活に不安を抱える市民の安全・安心を確保するため、あらゆる英知を結集し、世界に発信するまちづくりを推進する		**❸原子力災害を克服し世界に発信する** **安全・安心のまちづくり** 一 地震、津波、原子力災害により日常生活に不安を抱える市民の安全・安心を確保するため、あらゆる英知を結集し、世界に発信する市民が主役のまちづくりを推進する

に賛成していた。

南相馬市民が求めていた緊急的対応は、放射性物質の汚染対策と市民生活の応急的復旧とに分けられる。放射性物質の除染は何よりも緊急的な対応における大前提であった。具体的には、第一に教育施設・公共施設・道路・公園などの除染対策であり、とくに子どもに対する放射線被曝を大きく削減することである。第二は放射線被曝にかかわる客観的情報の開示と、それを主体的に判断できる知識の獲得への強い要望である。農産物・工業製品、井戸水・土壌などの放射線量の測定について、線量計貸し出し、内部被曝検査、ガラス線量計(ガラスバッチ)配布など、誰でもいつでもどこでも測定できる環境を整備することが求められた[**表6-2**]。

市民生活の応急的復旧とは日常生活を復活させる行程であり、その対象は広範囲に及ぶ。第一は公共的なインフラ整備であり、文化施設・体育施設などの公共施設の再開、道路・鉄道・漁港・上下水道・湛水防止などライフラインの応急措置や復旧、瓦礫撤去・危険建物撤去などの災害廃棄物対策、仮設校舎設置・施設修繕・学校再開準備(避難準備区域)などの教育環境の確保である。第二は日常生活基盤の確保であり、仮設・借上住宅・循環バス・住宅再建など住環境の確保、病院・福祉施設の本格再開、自主防犯組織や警察等との連携など防犯・治安対策、そして行政による震災に関する的確かつ迅速な情報提供の必要である。第三は生活をつなぐ資金支援

[表6-2] 南相馬市復興ビジョン主要施策の修正

❖出所:南相馬市資料により作成

(素案) 2011年10月	(素案) 2011年11月
「緊急的対応」❖第3回会議で挿入	「緊急的対応」
●**市民生活の応急的復旧** 市民生活にとって必要不可欠な住居、医療、福祉、雇用、教育などについて、応急的措置を講じるとともに、インフラ、学校等各種施設の復旧に取り組み、市民の生活再建を支援する。	●**放射性物質による汚染対策** モニタリングの充実や正確な情報開示を行うとともに、除染計画の策定・推進、市民の健康調査等を実施することにより、汚染への不安の払拭を図る。
●**放射性物質による汚染対策** モニタリングの充実や正確な情報提供を行うとともに、除染計画の策定・推進、市民の健康調査等を実施することにより、汚染への不安の払拭を図る。	●**市民生活の応急的復旧** 市民生活にとって必要不可欠な住居、医療、福祉、雇用、教育などについて、応急的措置を講じるとともに、インフラ、学校等各種施設の復旧に取り組み、市民の生活再建を支援する。

電力株主総会において、地方自治体としては白河市とともに、原発廃炉や新設放棄を求める株主提案

と経済活動の再開に向けた資金支援である。生活や生業を維持するためには、遅れている被災義援金の早期配分や東京電力による賠償・補償金の早期支払いさらに仮設店舗・工場・金融支援など事業所再開、農業再生、緊急雇用などのへの支援を欠かすことができない。第四は家族へのケアであり、津波により遺児となった子どもたちへの支援、被災により生じた子育ての悩みや不安などへの相談体制の充実が求められている。

いずれにしても、福島県浜通り地域の復旧・復興は、何よりも福島第一原発事故の収束が出発点にならざるを得ない。三・一一東日本大震災と原発事故は、国内の地域経済政策だけでなく、放射性物質の除染問題、放射能汚染による健康問題、持続可能なエネルギーへの転換問題など、世界人類に対して「脱原発」という方向への価値観の転換を迫っている。

---

(1)……山川充夫「原発立地推進と地域政策の展開(1)」『商學論集』第五五巻第二号(一九八六年)、一―二三ページ、山川充夫「原子力発電所の立地と地域経済」『地理』第三二巻第五号(一九八七年)、五二―六〇ページ、など参照。

(2)……山川充夫「あぶくま地域づくりの可能性を求めて――NPO法人あぶくま地域づくり推進機構の取り組み」『福島大学地域創造』第二一巻第一号(二〇〇九年)、一―四四ページ。

(3)……南相馬市では六月二一日から七月二二日にかけて、市内外に居住する津波による家屋被害を受けた全世帯(津波被害世帯、配布一四一二世帯、回収九四五世帯、回収率六七%)と市民の無作為抽出世帯(非津波被害世帯、配布三六〇〇世帯、回収一九八八世帯、回収率五五%)にアンケート調査を行った。

第七章

避難指示区域の地理学的意味

1　地理学における地域区分

地理学における形式としての地域区分は、実体としての地域特性を際だせるとともに、そこに発生している地域問題を解決に向かわせる地域規制や地域振興といった地域政策の立案に、決定的な意義をもっている。もちろん実体としての地域特性は地球表面上で括られ、それぞれが固有の空間特性をもつ自然・人文・社会・経済的な諸機能の有機的な統合体として認識されるものの、諸機能は常に変化を内包するため歴史的に再編成されつづけるという宿命をもっている。

二〇一一年三月一一日に発生した東日本大震災は巨大地震と巨大津波によって引き起こされた。その事態の深刻さは、福島第一原子力発電所の原子炉のメルトダウンとそれにともなう水素爆発によって、大量の放射性物質が外部に放出され、福島を中心とした大地と海洋とが放射能によって汚染されていることである。この放射能汚染は人間から自然を引きちぎり、共同性を破壊し、地域アイデンティティを消滅させる危機をもたらしている。とはいえ、人間の本性として再生・発展に向けた動きも始まっている。ここでは避難・除染・帰還・復旧・復興のなかで区域設定という行政上の地域区分がいかなる意味をもっているのかを地理学の観点から検討したい。

2　原発事故と避難区域の設定とその意味

原発事故に伴う南相馬市における避難区域等の地域設定を年表風にたどると次の通りとなる。地震発生後、三月一二日に避難指示が出され、その範囲は第一原子力発電所から同心円的に拡大されていった。まず一〇キロメートル圏の住民に対して避難指示が出され、同日中にこれが二〇キロメートル圏に拡大された。この間、避難者の行動形態は基本的に自主的な避難であった。しかし南相馬市の場合は、三月一五日に外側二〇～三〇キロメートル圏について自宅等での屋内退避指示が出されることで、一五日以降、市はバスを借り上げて市内の避難所から市外に避難を誘導するという行動をとった。これは南相馬市では三月二五日まで続いた。合わせて四八〇〇人余が集団的に避難した。

四月二一日から二二日にかけて福島第一原発から半径二〇キロメートル圏内が警戒区域に指示され、立ち入りが禁止された。また半径二〇キロメートル以上三〇キロメートル圏内に出されていた屋内退避は解除されるが、同時に緊急時避難準備区域として設定され、住民の活動が制限されることになった。第一原発から北西方面の浪江町津島地区・川俣町山木屋地区・飯舘村等は放射線量が高いことを理由として、計画的避難区域に設定され、住民は一ヵ月の間に区域外に避難することが要請された。さらに六月二七日～一一月二五日にかけて、放射線量が点的に高いホットスポットを対象とする特定避難勧奨地点が指定され、二八二世帯が避難対象となった［**図7-1**］。

このように放射能汚染にかかわる地域設定は、原子力防災計画による行政上での同心円的な地域区分と、放射線量が実態として高いという地形的およびその時の気象的要因とを背景とするセクター的な地域区分とによって行われた。しかし警戒区域・計画的避難区域・緊急時避難準備区域・特定避難勧奨地点などが指定さ

［図7-1］警戒区域等の地域指定
❖出所：
http://www.minyunet.com/osusume/daisinsai/kansyou.html

れることによって、避難等の強制力が働くことになった。原子炉の炉心溶融と水素爆発による多量の放射性物質を外部に飛散させた原子力災害は、巨大地震と巨大津波といった天災を原因としつつも、全電源喪失という設計ミスおよび実質的な廃炉への躊躇という人災として起きたものである。その放射能汚染濃度の地理的分布は、警戒区域内にあっても地域差が大きくあり、また緊急時避難準備区域であっても海岸部では放射線量が低いという地域性はあったとしても、いったん排除的強制力を持つ区域設定がなされると、放射線量分布の濃淡にかかわらず、そこの住民は居住地を離れなければならない。

こうした住民排除の区域設定に対しては、当然のこととして、国は一定の生活保障を準備しなければならない。その生活保障の第一は避難者に対する居住保障である。居住保障は何よりもまず避難所の設置であり、順次、仮設住宅への移住であり、最後は恒久住宅への移行である。第二は衣食に対する生活保障であり、まずは緊急支援物資の供給、次いで義援金の配賦、そして遅々として進まないことで批判を受けている東京電力の賠償金支払いである。いずれも区域設定された地域内であるのかあるいは地域外であるのかによって差別化され、指定区域外の住民の自主避難について当初は賠償の対象とはされなかった。また区域の境の内外によって義援金や賠償金の金額が差別化された。警戒区域・計画的避難区域・緊急時避難準備区域は課税の免除の対象とされているが、それ以外の地域はその対象となっていない。

地域区分は、境界線の内にあるのか外にあるのかによって、単に避難を余儀なくされるといった居住規制だけでなく、その後には義援金や賠償金といった経済保障問題が絡むことから、被災地住民の関心は高い。例えば自主避難者への住民賠償(1)は福島県内のすべての市町村が対象になっておらず、二〇一二年二月段階では浜通りおよび中通り地域の二三市町村に対象が限定された。

3 汚染地図の作成と避難者の帰還

放射能汚染は、SPEEDIによるシミュレーション、航空機による広域的な調査や自動車による道路ルート的な調査、モニタリングポストによる空間放射線量調査、また核種別の土壌汚染や作物汚染のサンプル調査などによって、次第に詳細な分布図として作成され、その実態が明らかになってきた。また個人が放射線測定器をもったり、行政機関等から借りたりして、住宅周辺や学校、公園、通学路などにおけるピンポイントでの放射能汚染状況が把握されるようになった。放射能汚染の実態が数値的に明らかになるにつれて、また市町村レベルで除染計画が立てられることによって、除染作業が具体的に動き始めるとともに、汚染度分布に対応する避難住民の帰還計画が作成されることになった。

環境省は二〇一一年九月に緊急時避難準備区域を解除し、新たな避難指示区域ごとの除染工程表を公表した。この工程表は放射線の年間被曝線量に対応する地域区分をもっていることに特徴がある。新たな区域は三つに区分されている。第一は年間二〇mSv以下であり、避難指示解除準備区域である。この区域はさらに一～五mSvの区域、五～一〇mSvの区域、一〇～二〇mSv(ただし学校は五～二〇mSv)の区域に細分される。この細分は避難指示解除準備区域内における除染作業の優先順位と連動しており、放射線量の高い区域から除染作業が開始される。ただし、住民の同意や仮置場の確保が前提とされている。第二は年間二〇～五〇mSvの居住制限区域である。これも住民の同意や仮置場の確保が前提とされている。第三は年間五〇mSvを超える帰還困難区域である。ここでは除染にかかわるモデル事業のみが行われる。その検証の結果を見て、次の工程に入っていくことになる。(2)

　これを市町村別にあてはめると、双葉町と大熊町は放射線量が全体として高い二〇～五〇mSvに分類され、まずは除染モデル事業が先行し、当面は帰還が困難な地域となる。浪江町と富岡町は地域によって一～五〇mSv超となっており、帰還は段階的に進められることになる。川俣町・飯舘村・葛尾村は二〇～五〇mSvの範囲で分散しており、まずは全体として二〇mSv以下を目標とする除染作業が進められることになる。南相馬市と楢葉町は放射線量が比較的低く、おおむね二mSv未満であるので、帰還にあたってはインフラ復旧が急がれることになる。田村市(都路地区)と川内村は全体として放射線量は二〇mSv未満と低いので、早期帰還を目指すとしている。

　しかし住民の帰還を進めるにあたっては、さらに細かな放射能汚染地図の作成が求められる。除染計画と優先順位を福島県伊達市の除染計画でたどっておこう。伊達市は地域を四区分している。第一順位は特定避難勧奨地点など、年間積算線量が二〇mSvを超える恐れのある地域である。第二順位は年間積算線量が一〇mSvを超える地域(空間線

[図7-2] 新たな避難指示区域ごとの除染工程表

❖出所:『福島民報』2012年2月11日付より作成

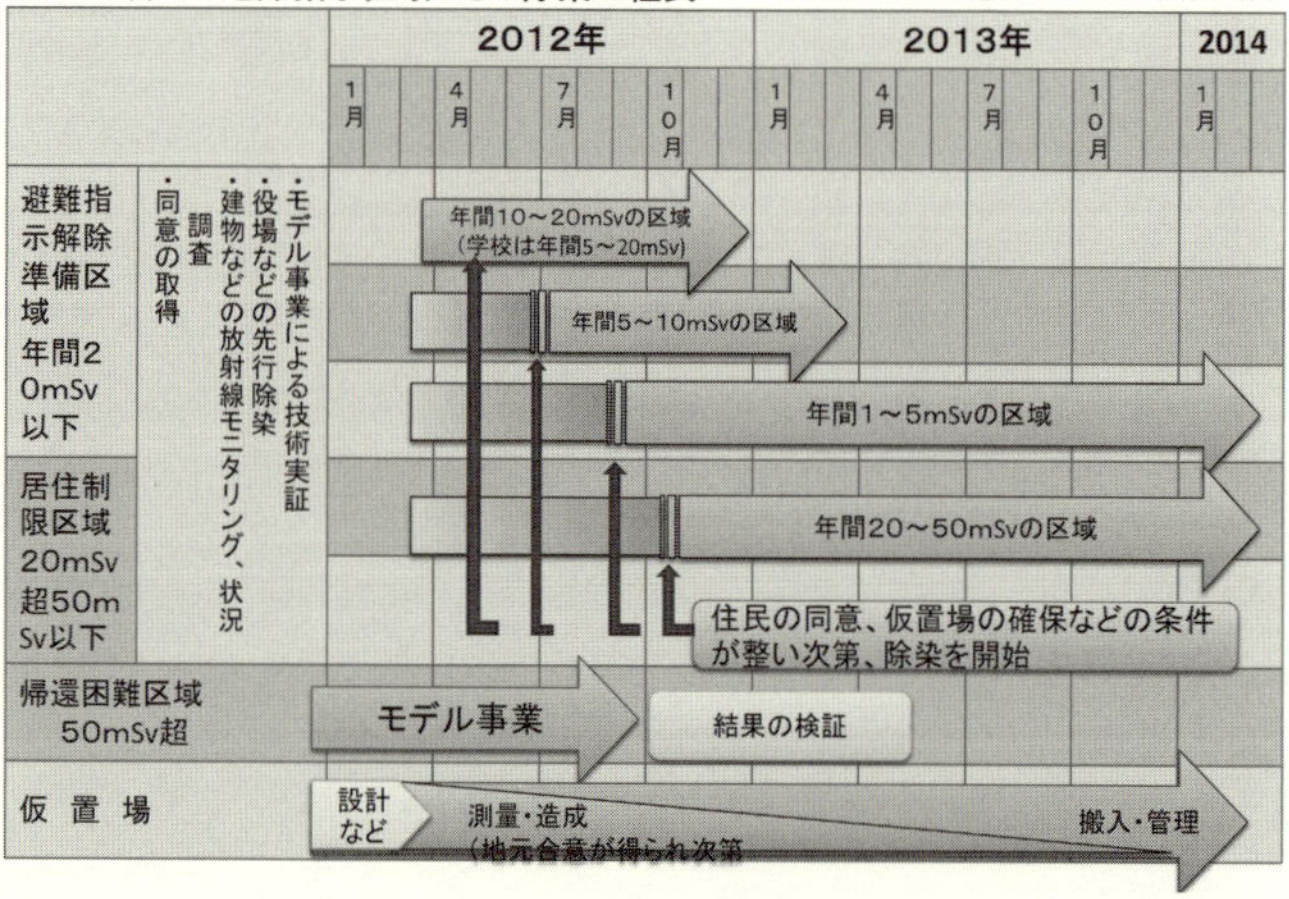

量一・九四μSv／h）である。第三順位は年間積算線量が五mSvを超える地域（空間線量〇・九九μSv／h）であり、第四順位は年間積算線量が一mSvを超える地域（空間線量〇・二三μSv／h）である。この区分される地域の広がりの面積は必ずしも明確ではない。空間放射線量の地図が二キロメートルメッシュで作成されていることから、この地図によって除染の優先順位が決められることとなろう(3)。

しかし、このメッシュ内すべてを同一基準で除染することはできず、土地利用との関係で除染目標が違ってくる。最も目標値が低く設定されているのは公共施設であり、年間積算線量一mSv（空間線量〇・二三μSv／h）以下を目指すとしている。これに次いで宅地・生活圏の周辺での目標値が低く、年間積算線量五mSv（空間線量一μSv／h）以下を目標とし、一μSv／h以下の地域でも可能な限り放射線量を下げるとしている。農地については、宅地や生活圏周辺と同様の水準である年間積算線

[図7-3] 警戒区域等の再編成（2013年4月10日現在）

❖出所：http://www.minyunet.com/osusume/daisinsai/keikai.html

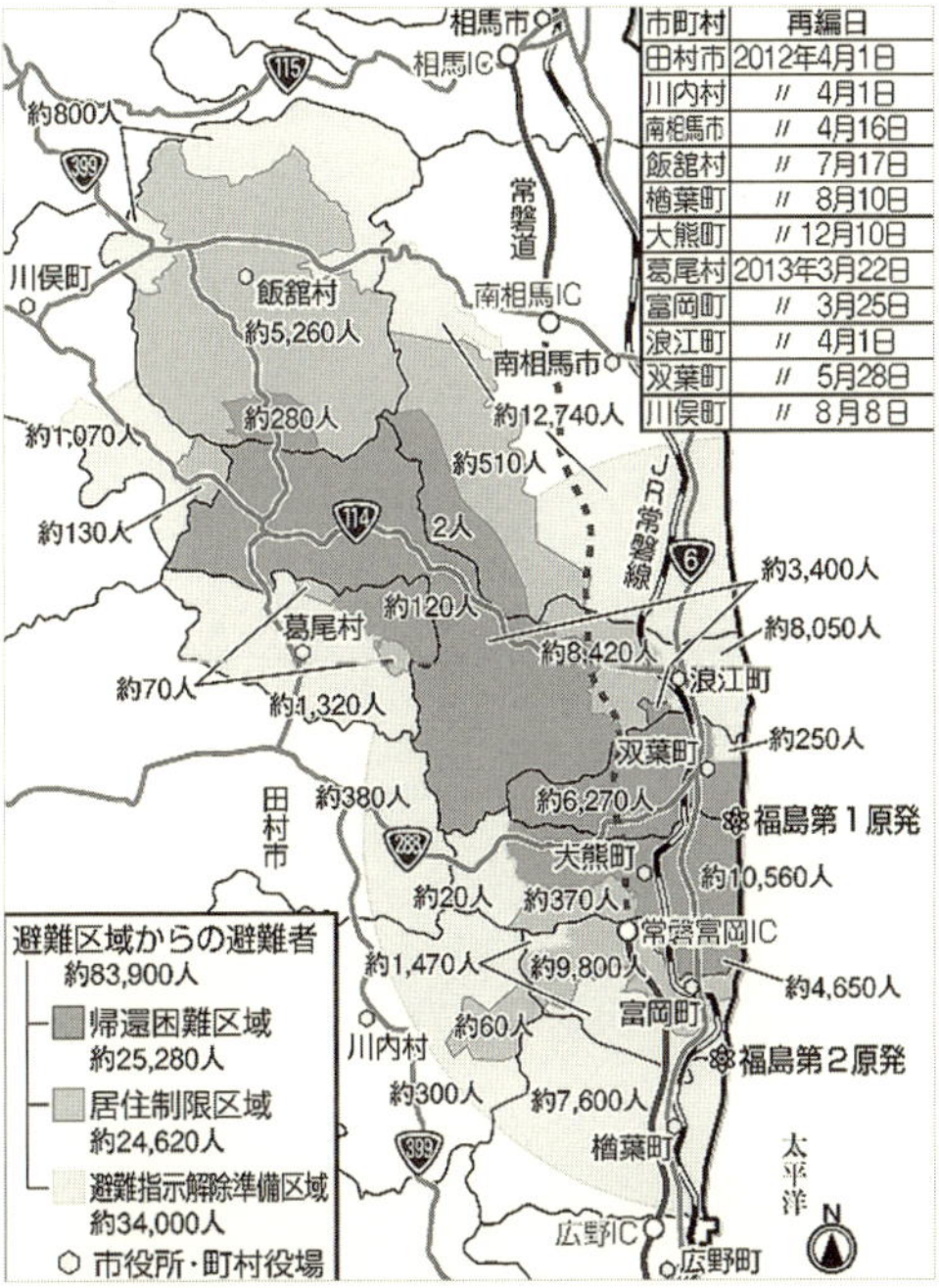

⊙ 警戒区域などの再編で設定される区域

区域名（年間放射線量）	概要
帰還困難区域（50ミリシーベルト以上）	5年経過しても、生活が可能とされる年間20ミリシーベルトを下回らない地域。国が不動産の買い上げを検討。
居住制限区域（20〜50ミリシーベルト未満）	年間20ミリシーベルトを下回るのに数年かかるとみられる地域。一時帰宅は可。除染で線量が下がれば帰還可能。
避難指示解除準備区域（20ミリシーベルト未満）	早期帰還に向けた除染、都市基盤復旧、雇用対策などを早急に行い、生活環境が整えば、順次解除される。

量五mSv（空間線量一μSv／h）以下が目標として掲げられ、なかでも放射線量が高い地域の除染を優先する。なお土壌については、当面汚染を五〇〇〇ベクレル／キログラム以下にし、農産物から放射性物質が検出されないことが目標として掲げられている。森林・原野については、住宅や生活圏との距離が近い里山から段階的に進め、長期的には空間線量一～一・五μSv／hを目標とし、計画的に実施していく。

最後に道路や街路樹であり、これらについては線量の低減を目指すとしている。

4 地域区分の功罪

東京電力福島第一原子力発電所の事故による放射性物質の飛散は、その時の気象条件と地形条件によって放射能汚染の地域的な濃淡を福島県浜通り・中通り地区にもたらした。自主的な避難はさておいたとしても、法律に基づく避難区域等は事故を起こした発電所を中心に同心円状および行政区画によって設定され、そこに居住する住民に避難を強いている。しかし同心円状に設定された警戒区域、例えばそれに組み入れられた南相馬市小高区においては、阿武隈山地寄りの地域は放射線量が高いものの、太平洋岸寄りの地域はほとんどが内陸部の福島市よりも放射線量が低く、その実態がSPEEDIなどによって正確に把握されていれば、避難しなくてもよかったはずである。また逆にSPEEDIの情報が速やかに公表されていれば、浪江町の住民は津島地区で余分な放射線被曝をしなくても済んだはずである。

放射線量の詳細な分布図の作成は、除染作業の優先順位や除染放射線量の目標達成のために、欠かすことができない。余分な放射線被曝を避けるためにも、また被災地の帰還計画を立てるためにも、詳細な汚染地図の作成は、重要な意味を持っている。福島大学うつくしまふくしま未来支援センターの産業復興支援担当は、福島県伊達市小国地区で一〇〇メートルメッシュの詳細な農地汚染地図を、地区の農家と連携して作成した。この汚染地図作成の効果は、単にどのような農作物を栽培すべきかあるいは栽培するべきではないかを判断する基準を明確にするだけでなく、どこであれば放射線被曝を最小限に抑えることができるのかを知ることができ、人口の域外流出をなくすることにつながっている。詳細な汚染地図は汚染地域における帰還計画や農作物の生産計画を実施するための地域区分に欠かすことができないのである。

(1)……『福島民報』二〇一二年二月一一日付。
(2)……環境省 http://www.env.go.jp/press/file_view.php?serial=19093&hou_id=14747
(3)……『朝日新聞』二〇一二年二月一〇日付。

第八章

原災地域復興支援の四ステップ

1 原災復興と地理学の役割

二〇一一年三月一一日の原災がもたらした放射性物質の構成はセシウム134（半減期二・一年）とセシウム137（半減期三〇・一年）とが一対一であり、比較的短いセシウム134の放射能が早く低減するので、空間放射線量は減少してきている。二〇一一年一二月一六日、政府は東京電力福島第一原子力発電所（以下、第一原発）の原子炉が「冷温停止状態」[1]になったと認定した。警戒区域等に区域指定されていた地域のうち、広野町、楢葉町、川内村、田村市、南相馬市の緊急時避難準備区域について、原子力災害対策本部は「冷温停止状態」の認定に先立つ九月三〇日に「緊急時避難準備区域解除に係る復旧計画」が策定完了したとして解除した。帰宅困難区域（年間五〇mSv以上）、居住制限区域（二〇〜五〇mSv）、避難指示解除準備区域（二〇mSv未満）に再編された緊急時避難準備区域などは、二〇一二年四月一日に年間累積放射線量による帰還困難区域・居住制限区域・避難指示解除準備区域などに再編された。

田村市都路地区の警戒区域は二〇一二年四月に避難指

［表8-1］帰還困難区域等の基本的考え方と運用

	区域の基本的考え方	区域の運用について
避難指示解除準備区域	年間積算線量が20ミリシーベルト以下となることが確認された地域	❶主要道路における通過交通、住民の一時帰宅(ただし、宿泊は禁止)、公益目的の立ち入りなどを柔軟に求める。 ❷ア)製造業等の事業再開(病院、福祉施設、店舗等居住者を対象とした事業については再開の準備に限る)、イ)営業の再開(❖) ウ)これらに付随する保守修繕、運送業務などを柔軟に認める。 ❖稲の作付け制限及び除染の状況を踏まえて対応 ❸一時的な立ち入りの際には、スクリーニングや線量管理など放射線リスクに由来する防護措置を原則不要とする。
居住制限区域	年間積算線量が20ミリシーベルトを超える恐れがあり、住民の被曝線量を低減する観点から引き続き避難の継続を求める地域	❶基本的に現在の計画的避難区域と同様の運用を行う。 ❷住民の一時帰宅(ただし、宿泊は禁止)、通過交通、公益目的の立ち入り(インフラ復旧、防災目的など)を認める。
帰還困難区域	5年間を経過してもなお、年間積算線量が20ミリシーベルトを下回らない恐れのある、現時点で年間積算線量が50ミリシーベルト超の地域	❶区域境界において、バリケードなど物理的防護措置を実施し、住民に対して避難の徹底を求める。 ❷可能な限り住民の意向に配慮した形の一時立ち入りを実施する。その際、スクリーニングを確実に実施し個人線量管理や防護装置の着用を徹底する。

❖出所：http://www.meti.go.jp/earthquake/nuclear/pdf/20120330_02g.pdf

示解除準備区域へと移行した。楢葉町は、八月一〇日には町の大半を占めている立ち入り禁止の警戒区域を解除し、避難指示解除準備区域に再編することを決めた。飯舘村では七月一七日に全村を三区域に区分し、南部の長泥地区は帰宅困難区域となり、他地区との境界にダイヤル式の鍵を付けた柵が設置された。大熊町は二一行政区のうち一八行政区の一部または全部が帰還困難区域に設定されることになり、町は「五年間は帰還しない」宣言を出した。

こうした三区分への再編により、帰還困難区域は五年以上立ち入りが制限されるが、居住制限区域は二年間を目途に帰還が目指せること、避難指示解除準備区域は近く帰還が可能になることとなった。避難住民は今後どのような行動をとるかについて、帰還の時期がこれまでよりずっと見通しやすくなった。しかし東電による原災賠償金の支払いは、その基準は公表されているものの、支払いの決定が遅れ、見通しは立っていない。加えて長引く仮設住宅生活によって体調を崩すなど、第二次被害が増加してきている。同時に、原災被災自治体が帰還を宣言したり、役場機能を双葉地域あるいはその隣接地域に移動させたり、あるいは「時限の町」「仮の町」「セカンドタウン」に言及するなど、二〇一二年には復旧・復興に向けた新しい動きもみられた。

こうした新しい動きに地理学はどのような役割を果たすことができるのであろうか。これまで地理学は、人間集団がその存立基盤である自然とどのように向き合ってきたのかという関係性を追究してきた。その関係性は生活様式や生産様式として把握され、それは資本主義経済体制下にあっては自然環境の構成がもたらす地域的差異や建造環境の形成における場所的偏倚を基盤として、資本の拡大再生産を促進する生産配置の絶えざるグローバルな再構成と、労働力の再生産を支える共同性を担保するローカルな生活空間の確保との対抗関係としてとらえることができる。

今回の東日本大震災、とりわけ福島における原子力災害(以下、原災)は、地理学における人間と自然との関係性の認識のあり方に、根本的な問題を提起している。その問題提起とは人間集団が放射能汚染によって自然的基盤としての大地を失い、深刻な事態を引き起こしていること、また放射線被曝による健康被害を恐れて分散的避難を強要され、そのことが人間の尊厳を侵していること、こうした自然との分断や共同性の分断は金銭的な賠償や保証のみによっては回復することが不可能であることなどである。とはいえ、人災としての原災被害の克服は、人間によって進められなければならない。その時、地理学の果たすべき役割はいったい何なのであろうか。この分断を克服するにあたっては、すなわち本来的な自然と人間との関係性を取り戻すにはどのようなことが必要なのか、本章ではうつくしまふくしま未来支援センター(以下、未来支援センター)での復旧・復興への取り組みから考えてみよう。

2 第一ステップ…放射能汚染詳細マップの作成

放射能汚染の詳細マップの作成は、自然(大地)と人間との循環性の回復の第一歩として欠かすことはできない。原災対応への最大の課題は「色がついていない」「目に見えない」など五感ではとらえることができない放射能との戦いにある。放射能は化学反応によっては除去できず、第一義的には「剝ぐ、埋める、遮る」など物理的に隔離し、自然崩壊による半減期を待つ以外には防ぎようがない。安易な除染や焼却等の処分を行うと、結果的に放射性物質が凝縮され、土壌や焼却灰から放出される放射線量が高まり、仮置場への一時貯留としての運び込みの理解が得られなくなる。まだ設置場所の決まってない中間貯蔵施設への運び込みについても、運搬中の低線量被曝への恐れから、移動させることができない可能性もある。

この間の除染作業であきらかになったことは、第一義的な物理的措置では、膨大な除染経費や除染作業員の被曝などだけでなく、除染作業の前提としての放射能汚染物質の仮置場の確保、除染効果の限定性、里山など広大な未除染地域の除染未着手など、気の遠くなる問題が残り続けている。こうした長期的に重たい課題を見据えながらも、われわれは当面できることを行わなければならない。

これまで農林漁業のように物的生産手段となり、レクリエーションやツーリズムのように精神的回復に寄与し、当たり前の存在であった自然空間が、原災によって放射能汚染されたことで、当たり前の存在ではなくなった。人間と自然との関係性が放射能汚染によって完全に分断されたのである。里山のような自然空間は人間による利活用によって維持されてきており、人間はそこから得られる農林産物だけでなく美しい原風景として里山を愛し続けてきた。人間は放射能汚染によって自然から切り離され、物的基盤だけでなく精神的基盤をも失うことになった。

避難者が故郷に戻るために最初に必要とされるのは、低線量被曝をどのように避けるかにある。被曝を可能な限り避けるためには、放射能汚染の状況の「見える化」が必要である。放射能そのものには「色」を付けることはできないので、パラメータとして「色」付きで「見える」工夫が求められる。それを可能とするのが放射能汚染マップである。これまで紹介されている汚染マップは、航空機による広域的な空間放射線量マップ、自動車走行による道路沿いの空間放射線量ルートマップ、国・県・市町村のモニタリングポストによる地点マップ、市民や個人による局地的な地点マップなどである。

一〇〇メートルメッシュによる詳細な放射能汚染マップを作成する目的は、二キロメートルメッシュ地図では表現されない微妙なホットスポットを特定することにより、そこに近づかなければ累積被曝線量の低減が可能となることにある。もちろんその作成は一度で終わることなく、半年ないしは一年単位でその改訂版を作成する必要がある。

第二は内部被曝をいかに少なくするかである。内部被曝を少なくするためには、空気・水・食品等を経由して体内に取り込むことをいかに少なくするかである。空気、すなわち呼吸を通じた被曝をなくすためには、放射能汚染がない地域に転居するのが最も良い選択である。原災直後および一定期間行われてきたように、マスクの着用、洗濯物を屋内で干すこと、窓等を閉めることなど、物理的な遮断が効果的である。しかしこれらは生活の遂行に肉体的かつ精神的な負担を強いるものであり、被災地においてすら次第に行われなくなっている。

低線量であっても長期間被曝し続けることについての不安がある。それは数十年におよぶ時間軸のもとでの身体への健康被害への恐れである。特に子育て世代の母親には「次世代に引き継ぎたくない」という精神的な負担が被さっている。目に見えない「重石」が無意識のうちに頭を押さえつけており、放射線被曝からの避難なくしては鬱的な症状を引き起こしかねない。この「重石」から解き放たれるためには、放射能汚染のない地域に転居することが最善であるが、次善としては一時的に離れ、リフレッシュの機会を得ることである。それはサマーキャンプであっても、心の健康に大きな効果をもたらす。こうした取り組みは国や県の政策としては打ち出しきれていない。基礎自治体においては、例えば飯舘村のようにNGOの支援を受けながら、小中学生を避放射線対策と地域づくり、次世代の育成対策とを兼ねて、一週間程度ではあるがドイツに派遣した。

水については、浄水場が完備されていれば、水道水から放射性物質が検出されることはない。もっとも浄水汚泥には放射性物質が凝縮されることになり、放射性物質の仮処分場や中間貯蔵施設が確定あるいは建設されていなければ、浄水場内に仮仮保管されることになる。ただし双葉郡川内村の場合には、住民の多くが清水や地下水に上水を依存しており、簡易的な浄化しか行うことができない。周囲の山林は除染作業がまったく行われていないので、落ち葉等からの放射性物質が清水に含まれる可能性が高く、上水として利用する際には、毎日の水質調査を欠かすことはできない。

3 第二ステップ…生活インフラの再構築

まず緊急時避難準備区域が解除された。これに引き続き、避難区域と計画的避難区域とが、放射線量の多寡により、帰宅困難区域、居住制限区域、避難指示解除準備区域の三地域に再編成された。こうした区域の再編成により、被災地への帰還が可能となる時期がある程度わかるようになり、被災自治体は帰還・復旧・復興について、ビジョン・基本計画レベルから実施計画レベルへと軸足を移行させるようになってきた。こうしたなかで、「仮の町」「セカンドタウン」に関する議論が次第に熱を帯びるようになった。居住形態としては、仮設住宅・借上住宅から自宅帰還や復興公営住宅への段階に移行してきている。

この移行は単純な移行ではない。なぜならば、それぞれがおかれている条件が異なるからである。その異なる条件とは、原災賠償金が基準によって算定されたとしても、帰還困難区域や居住制限区域にあるのか避難指示解除準備区域にあるのか、また避難解除準備区域にあっても家屋が住むことのできない全壊・半壊状態にあるのか、あるいは住むことが可能な一部損壊状態にあるのか、等によって異なる。浪江町のように帰還困難区域に組み入れられている場合、暮らしの再建は町外を基本とせざるを得ず、改めて独自の土地空間をもたない自治体とは何か、自治とは何かが問われている［**表8-2**］［**表8-3**］。

定住するのかあるいは移住するのかの判断も求められている。一部において避難先あるいは仮住先において、宅地やマンションの購入などの動きもあり、資産格差や所得格差が居住先の選択に影響を及ぼしている。とくに住宅ローンや事業ローンを多く抱えている世帯にあっては、その返済を行うことで、やっとゼロからのスタートとなる場合もあるからである。また失業状態にある世帯主も多く、賠償金を移住・定住のための住宅費にあてることができるのか、あるいは生活費にあてざるをえないのか。困難は続くのである。

居住条件の確保は、社会資本の再整備と同時に進んでいかなければならない。これは生活環境であるが、まずはライフラインの回復が必要である。このライフラインは健常者にとっては電気・ガス・水道・交通といったハードを中心とするインフラを意味するが、高齢者や障害

［表8-2］浪江町の短期・中期・長期の三段階による復興イメージ

	短期ビジョン（平成26年3月まで）	中期ビジョン（平成28年3月まで）	長期ビジョン（平成33年3月まで）
すべての町民の暮らしの再建	**避難生活を早急に改善** 避難生活環境の改善、町外でも安心して暮らせる環境づくり、新たな居住の場の確保により、避難生活を早急に改善していきます。	**生活の安定を実現** 町外において安心できる生活環境の構築、事業再開、就労の実現等により、すべての町民の生活の安定を目指していきます。	**安定した生活を継続** 住んでいる場所にかかわらず、すべての町民が震災以前と同様に、幸せな暮らしを取り戻せるように取り組んでいきます。
ふるさとの再生	**ふるさとの再生に着手** 低線量地域の除染やインフラ復旧を先行し、ふるさと再生の足掛かりとし、希望者の低線量地域への帰町を実現するとともに、長期的な視点に立ってまちづくりの準備・検討を行っていきます。	**ふるさとの再生を本格化** 本格除染、インフラ復旧のの拡大により、生活可能なエリアを拡大させていくとともに、医療、福祉、教育、産業等の生活に必要な環境の整備の拡充を図っていきます。	**ふるさとの再生を実現** 安全・安心であることを大前提として、その上で若者が集まる魅力的な町となるような町づくりを推進していきます。

❖出所：浪江町『浪江町復興ビジョン概要』2013年

者にとっては医療、介護サービスもライフラインとなる。また今回際立ったのが、ガソリンの確保である。たとえ日用品や食品が緊急援助物資としてまた支援物資として提供されるとしても、ガソリンなくしてはそれらをロジスティックスとして被災者や避難者に送り届けることができない。

川内村の震災復興ビジョンは、放射能汚染対策、高規格道路の整備、快適な居住地の整備、産業振興基盤整備の四つを掲げ、これらがすべて進むことで村の復興が実現すると描いている［図8-1］。川内村はこれまで通勤圏や通学圏、買物圏、医療圏、広域行政圏などいずれも浜通りの富岡町を指向していた。富岡町への道が警戒区域によって遮断され、しかも中通り方面への道路整備が不十分なことから、交通上での孤立感を強めており、これを打開するためには高規格道路の整備を欠かすことができない。

さらに生活拠点を

［表8-3］政府による避難区域等の見直し等に係る損害について

1 避難区域見直し後の避難費用及び精神的損害

(1)「避難者」と「移住者」に差を設けない
(2) 原則として必要かつ合理的な範囲の実費
(3) 精神的損害額（慰謝料）の目安
❶避難指示解除準備区域＝月額一人10万円
❷居住制限区域＝月額一人10万円、2年分を一括し240万円も可
❸帰還困難区域＝一括して一人600万円❖
❖避難の長期化等個別具体的事情により上回る額が認められ得る
(4)解除後に賠償期間は個々の避難者一律に賠償

2 旧緊急時避難準備区域の避難費用及び精神的損害

(1)事故1年後以降の損害額（慰謝料）は月額一人10万円
(2)賠償対象期間は、事故1年後以降は一律に賠償
(3)既に帰還した者及び滞在者は、個別具体的な事情に応じて賠償

3 特定避難勧奨地点の避難費用及び精神的損害

(1) 1年後以降の損害額（慰謝料）は月額一人10万円
(2)賠償対象となる期間は、解除後3ヶ月を当面の目安とし、一律に賠償

❖出所：2012年3月16日 原子力損害賠償紛争審査会資料より作成

［図8-1］川内村復興ビジョンの基本理念

❖出所：http://www.kawauchimura.jp/info/208-93.pdf

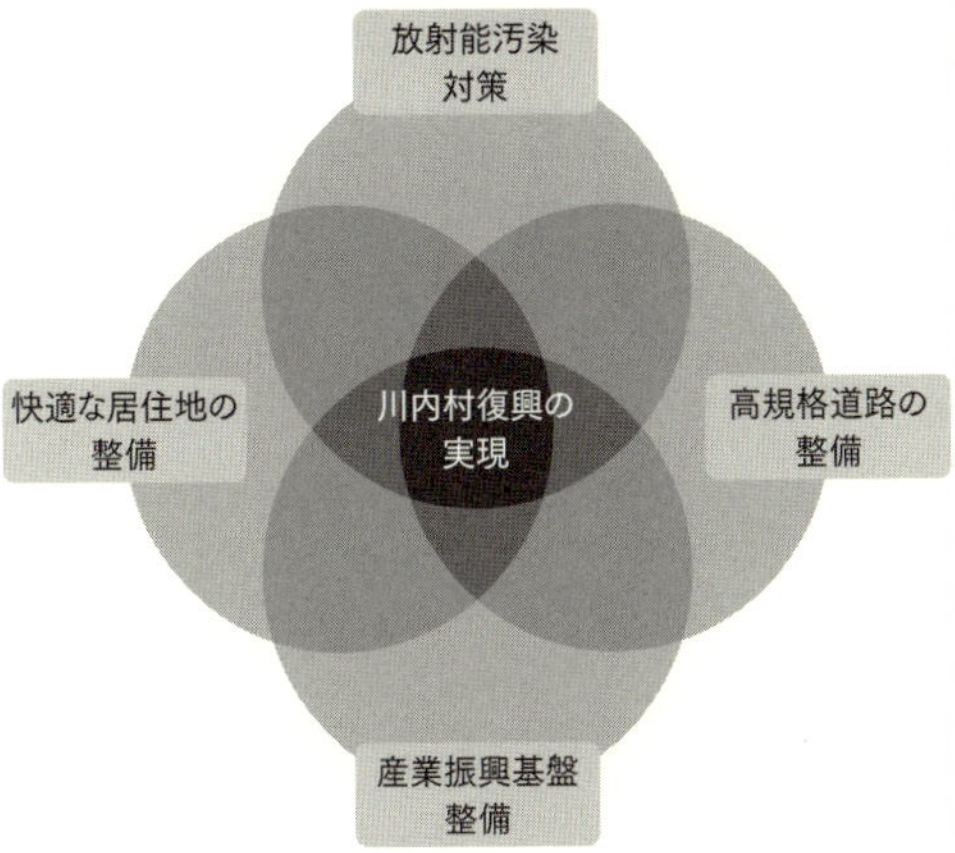

どのように確保していくのか、行政サービスを円滑に受けるにはどのようにすればよいのか。日常性の確保において、コンビニエンスストアの社会資本的性格がこれまで以上に明らかになっている。ここを経由して、食品や日用品の買物機能だけでなく、預貯金の出し入れや年金の受取り、口座振込みのための金融機能、郵便物の差出し受取りや新聞購入などの情報機能、さらには納税や住民票発行などの行政サービス機能が有効に作動している。もし圏域の利用人口が少ないのであれば、これらの諸機能をもった移動車が村内をくまなく回ることで対応していくべきである。さらに宅配業者と社会福祉協議会が連携して高齢者の健康確認をする取り組み事例が岩手県などにおいて見られるので、対話型の複合サービスについて民間の力を積極的に活用していく必要がある。(2)

4 第三ステップ…人間共同性の紐帯ケア

今回の東日本大震災では、「絆」の回復が強調されている。この絆は重要であるが、地震・津波被害と原災被害との間で違いがみられる。今回の東日本大震災による死者のほとんどは津波によるものである。家族の多くを失った人たちがたくさんいる。ここには絆の絶対的損失が見られる。「助けられなかった」と「生き残った」との間での葛藤が引き続いている。原災による絆の損失は、必ずしも死者や行方不明者をともなっていないことから、相対的な損失にとどまっている。しかしこの相対的な損失には適切な対応が行われないと、自殺等を誘引して絶対的損失に転化する恐れがある。家族全員が生きているものの、放射線被曝の受け取り方の違いにより、放射線の健康影響への理解度や受容度の違いによる高齢者世代と子育て世代との別居化、父親と母子との別居化を契機とする孤族化が一挙に進んだ。さらに県外など遠距離に避難した人たちは、「逃げた」といわれ、「逃げられなかった」人たちへの気兼ねから、帰るに帰れない心理状況に置かれている。

どのようにすればよいのか。分断された絆はどのように回復していけばよいのか。言葉としてのコミュニティの再生はどのように具体的に進めていけばよいのか。コミュニケーションを深めればよいというが、その具体の場はどのように設定されるべきなのか。その取り組みの一つが、富岡町が郡山市の仮設住宅を中心に展開している「おだがいさまセンター」である。おだがいさまセンターは、住民の自治機能を回復する一つの手段である。東日本大震災が阪神・淡路大震災と異なるのは、被災者の居住場所が仮設住宅よりも借上住宅の方が多いことである。仮設住宅であれば集住形態をとっているが、借上住宅では散住形態が基本となっている。

集住形態でしかも従前の自治会単位で入居している場合には、コミュニティは維持される。しかし集住形態であっても、従前の自治会単位ではなく、弱者優先の原則で高齢者世帯に偏重していたりすると、自治の中心的な担い手を確保できず、十分な意思疎通ができない。また借上住宅のように基本的に散住形態の場合、自治機能を確保するには仮設住宅以上に困難がある。自治機能を確保するため、未来支援センターは福島県内で分散居住している「住民」を対象に「ヴァーチャル」な広域自治会の形成を提唱している。また県外避難者に対しては、都道府県間での連携強化を前提にＮＰＯとの協働でヴァーチャルな広域自治会の形成を提唱している。

紐帯をどのようにケアしていくのか。いくつかの取り組みが始まっている。その一つは仮設住宅等におけるイベント交流である。コンサートなどのイベント、盆踊り、運動会、お祭りの開催である。運営も次第に受動から能動へと変化してきている。こうしたなかで改めて学校やお祭りが地域の紐帯の要になっていることが確認されている。ここでの教訓は避難している人たちがコミュニティにおける任務をもつことである。郡山市の仮設住宅に住む富岡町の人たちはそれぞれが任務をもつことで生きがいと居場所づくりを展開できるようになり、現に工房事業が立ち上がってきている。

学校は児童生徒の教育の場であるものの、PTA活動や運動会などを通じて地域社会の交流の場として、中核的な役割を果たしてきた。こうした役割に注目して、未来支援センターは小中学生を対象とする「郷土に思いを寄せる同窓会」事業を川内村で展開している。期待される効果は「郷土に心をよせる時間を過ごすことによって、現状の生活をみつめなおす」や「郷土の伝統や文化にふれることによって、郷土のよさを感じることができる」「県内外避難者同士が会話することによって、ストレスの軽減を図ることができる」「自主的なプログラムの作成や参加を通して、児童生徒の自主性やコミュニケーション能力等の育成を図ることができる」などである。(3)

さらに重要なことは、役場機能の回復である。三陸沿岸の市町村は津波によって庁舎の被害や職員を失うなど行政機能を著しく低下させ、避難生活者への行政サービスの提供を十分に行うことができなかった。福島県の原災被災地域の町村は、庁舎や職員への物理的被害は少なかったものの、避難区域等に指定されることによって、立ち入りが禁止されていることもあり、極端な場合には住民票の発行すら一定期間できなかった。行政機能のマヒは避難住民の日々の生活に直接的な悪影響をもたらしており、地域の復旧・復興を遅らせる決定的な問題となっている。

5 第四ステップ…持続可能な生活を保障する雇用創出

被災者・避難者の多くは、生活基盤とともに雇用基盤をも失っている。それは職場が津波によって完全に破壊されたり、原災によって職場が警戒区域等に編入され、立ち入りができないなど、雇用調整によって仕事を失ったのではなく、職場そのものが失われたことによっている。農業にあっては津波・地震による塩害や亀裂によって農地機能が喪失していること、原災によって立ち入りが禁止となっていること、放射能汚染によって作付制限や農産物の出荷制限が敷かれていること、風評によって販売量や販売価格が低下していることなど、多くの困難をかかえている。

乖離した安全と安心を再び結びつけるためには、農産物の場合、少なくとも四段階に及ぶ放射能検査が必要とされる(4)。第一段階は農産物を生産する農地の放射線量調査である。農産物が生産される田畑がそれぞれどのような核種でどの程度汚染されているかの測定が基本であるが、この間の調査研究で明らかになってきていることは、同じ一枚(一筆)の田畑であっても、水田の場合、取水口なのか排水口なのかによって線量は異なることがわかっている。また同じ線量であっても、土壌組成によって放射性セシウムが分離しやすいかどうかが異なり、そこで栽培される作物への移行可能性が異なってくる。また落ち葉等有機質に付着する放射性セシウムは落ち葉等が分解されることによって、流れ出す可能性が強まり、放射能汚染分布が変わってくるのである。

第二段階は汚染された農地で生産される農産物の放射線測定である。これまでの研究でわかっていることは、放射性セシウムの移行係数が農作物の種類によってかなり異なるということである。ここではチェリノブイリでの経験が生かされる必要がある。こうしたことがわかれば、放射能汚染をできるかぎり小さくしながら、しかも生活上欠かすことができない多様な農産物を生産することが可能になる。また放射性セシウムが基準値未満であっても検出される場合には、沸点の違いを活用（例えばアルコール生産）して、放射性セシウムの加工食品への移行を阻止することができる。

第三段階は農産物あるいは加工食品の流通段階における放射線量の測定である。農産物にあっては、農場のすべてについて細かく土壌分析を行うことができるわけではない。空間放射線量レベル（シーベルト・レベル）では不可能ではないが、核種別放射線量（ベクレル・レベル）では不可能であるから、農産物への移行係数がわかっているとはいえ、すべての販売農産物およびこれを素材とする加工食品については、改めて出荷時点において線量を測る必要がある。ただし、この線量もすべての出荷品について一つひとつ測ることが求められる。しかしこれも実態としてはサンプル調査にとどまらざるを得ない。このため消費者は「安全である」といわれても「安心できない」のである。食品の放射能汚染の新基準値未満で、しかも不検出であっても、それはゼロを保証するものではない。安心は人によって受け止めが異なるものであるから、安心を確保するための手だてが必要である。その手立ては消費者が農産物あるいは加工食品を購入する際に、希望があれば自らが放射能濃度を直接測ることができるという機会を提供することである。この計測により消費者は当該農産物等を購入するか否かを判断することになる。それはたとえ結果として生産者がより多くのコストを支払うことになったとしても重要である。

つまりここでは四段階にわたる計測で安全を確保しつつ安心を提供するという仕組みであり、放射線量計測にかかわる「いつでも、どこでも、希望があれば計測できる」という放射能汚染計測のユビキタス化が保証されることが大切であり、こうしたことが自然と人間との良好な関係性の回復につながっていくものと思われる。安心を確保した地場生産の農産物を素材とする弁当販売の取り組みが拡大しようとしている。取り組みを行っているのは、大震災&原災以前に阿武隈高原で活躍していた主婦たちである。主婦たちは「かーちゃんの力プロジェクト」で気力が回復してきている。例えば川内村では除染作業に従事する人たちが、昼食にコンビニ弁当を食べており、一日五〇〇食程度が売れている。コンビニ食はやはり味付けが濃いだけでなく若者向きに作られており、中高年の健康にやさしい「おふくろの味」によるお弁当販売は採算性が取れる可能性がある。雇用については、一つひとつのきっかけを大切にし、地域内経済循環を再構築することが重要である。

6　地理学の出番はどこにあるのか

こうした取り組みに対して、地理学はどのような貢献をできるのであろうか。第一は放射能汚染によって分断された「自然」と「人間」とが地域においては不可分な関係にあり、地理的認識の重要性が再認識されたということにある。第二にこうした関係性は「見える化」の典型である「地図化」によって十分に確認できたことである。地図化そのものは地理情報システム(GIS)の手法の普及によって地理学の独壇場ではなくなっている。しかしなお微妙な地形を航空写真や地形図からどのように読み取るのか、それをどのように役立たせていくのか、現場における文理融合の優位性はなお強調するに足りるものがある。

第三は立地理論の考え方が復旧・復興には大きく役立つということである。施設はどこに立地させるべきか、分散立地がよいのか集中立地がよいのか。これは単に輸送費の多寡にとどまらない。誰が移動のための時間と費用を支払うのか、それによって誰が便益を受けるのか、これは輸送費の政治経済地理学的問題である。便益を受けるのはミクロの観点からすれば、供給者であるのか、需要者であるのか、あるいは双方なのかが問題となる。またマクロとしての行政はどちらの方向を向いているのか、その最適化はどのような分布図として表現されるのか。

うつくしまふくしま未来支援センターでは総勢四〇名のうち地理学(会)関係者は六名を数えている。他のセンター員のほとんどもフィールドワークを基本にして各層の支援活動を行っている。これらの支援活動を地理学がどのように吸収し、新たな展開を図っていくのか、課題は山積している。走りながら考えていくしかない。

(1)……野田政権は、「冷温停止状態」について一～三号機の圧力容器底部を安定的に一〇〇度以下に保ち、放射性物質の拡散を抑制することと定義している。

(2)……高木亨・初澤敏生「商工業者の復興支援と帰還地域の商業機能回復についての取り組み」『福島大学うつくしまふくしま未来支援センター年報』第一号(二〇一三年三月)、四六―五〇ページ。遠藤雄幸・山川充夫「対談　故郷をまもる復興再生へ知と技と思いを共に」『共に生きる』第二巻(二〇一三年三月)、三―五ページ。

(3)……森知高・吉永紀子・本多環「子どもの『困り感』に寄り添った子ども支援活動――避難を強いられた子どもたちへの支援活動を通して」『福島大学うつくしまふくしま未来支援センター年報』第一号(二〇一三年三月)、六五―六八ページ。東北地方・地域復興担い手育成プロジェクト実行委員会・「郷土に想いをよせる同窓会」運営委員会編『郷土に想いをよせる同窓会　事業報告書』福島大学うつくしまふくしま未来支援センター、二〇一三年三月。

(4)……小山良太編著、小松知未・石井秀樹著『放射能汚染から食と農の再生を』家の光協会、二〇一二年八月。

第九章

川内村全村避難からの帰村宣言

1　はじめに

二〇一一年三月一一日に起きた東京電力福島第一原子力発電所事故(以下、原災)により警戒区域や計画的避難区域に指示された双葉郡内八町村(浪江町、双葉町、大熊町、富岡町、楢葉町、広野町、葛尾村、川内村)と南相馬市小高区・飯舘村・川俣町山木屋地区・田村市都路地区(以下、原災地域)は、二〇一二年四月一日以降、帰宅困難区域、居住制限区域、避難指示解除準備区域に再編され、そのうち避難指示解除準備区域においては帰還・復旧・復興への動きが目に見えるようになった。

その動きは何よりも放射能除染作業から始まっているものの、生活インフラの再構築、コミュニティの紐帯ケア、雇用の創出といったプログラムが同時並行的に進められなければならない。本章では、警戒区域や計画的避難区域に指示された制限区域のなかでいち早く「帰村宣言」(二〇一二年一月三一日)を出し、福島大学うつくしまふくしま未来支援センターに村長から直接支援要請のあった川内村を取り上げ、全村避難(二〇一一年三月一一日)から帰還(二〇一二年七月三一日まで)への取り組みの過程を紹介したい。

川内村の人口は二〇一一年三月一日現在、三〇三二人であった。その年齢別構成は〇~一四歳が八・八%、一五~六四歳五七・三%、六五歳以上三三・九%であり、高齢者率が高い。二〇〇八年度の川内村総生産は七八億円であり、その産業部門別構成は第一次産業一五・八%、第二次産業一一・八%、第三次産業七二・四%であった。第三次産業のうち政府サービスと非営利部門が占める比率は約七〇・九%であり、また村内総生産全体の五一・三%を占めている。

2 原災発生と分散的避難

地震であれ津波であれ火災であれ、被災者はいずれの現象も五感でもってうけとめることができる。しかし原災は、水素爆発で建屋が崩壊した音が聞こえた第一原発の周辺の住民を除けば、避難を指示された多くの住民はテレビ映像や個人メール受信によって知っていたものの、ＳＰＥＥＤＩのシミュレーション情報や空間放射線量情報がまったく提供されないもとで、避難の意思決定をしなければならなかった。放射能は五感ではとらえることはできず、汚染状況も器機による計測なくしては把握できない。原災地域では住民だけでなく市町村長も同様な状況下におかれ、国の避難指示にしたがって、まずは自主的な避難、そして集団的な避難を行わざるをえなかった。

双葉郡川内村は阿武隈高原にあり、役場の立地点は東電第一原発から約三〇キロメートル離

[図9-1] 原発事故を知った住民の割合

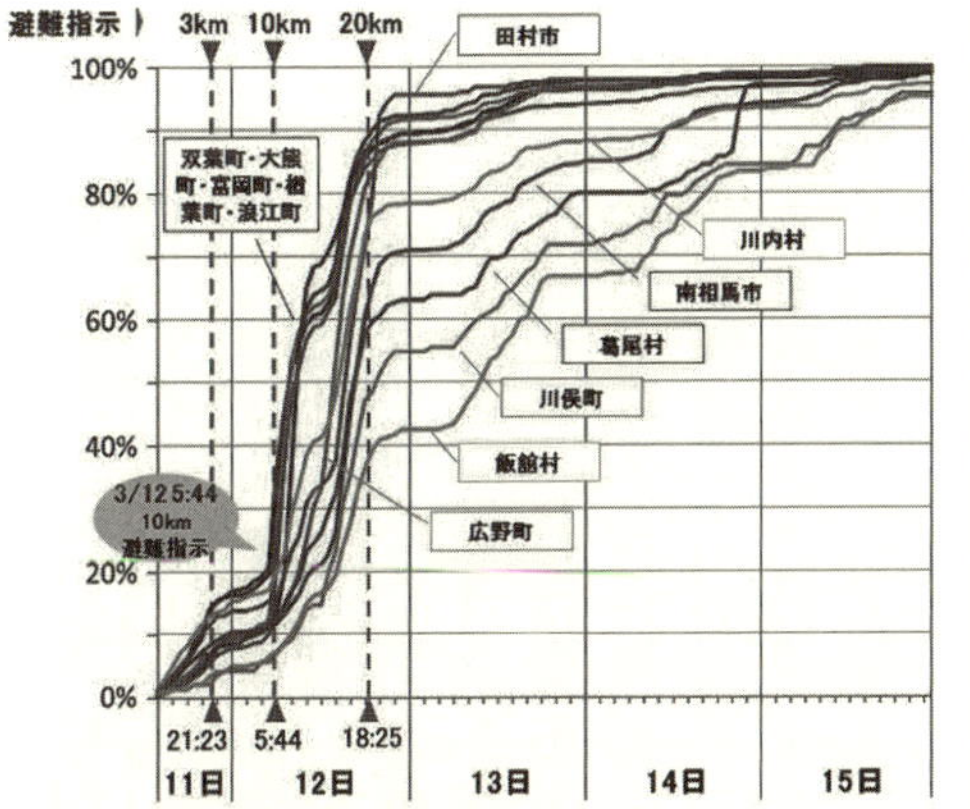

[図9-2] 避難指示を知った住民の割合

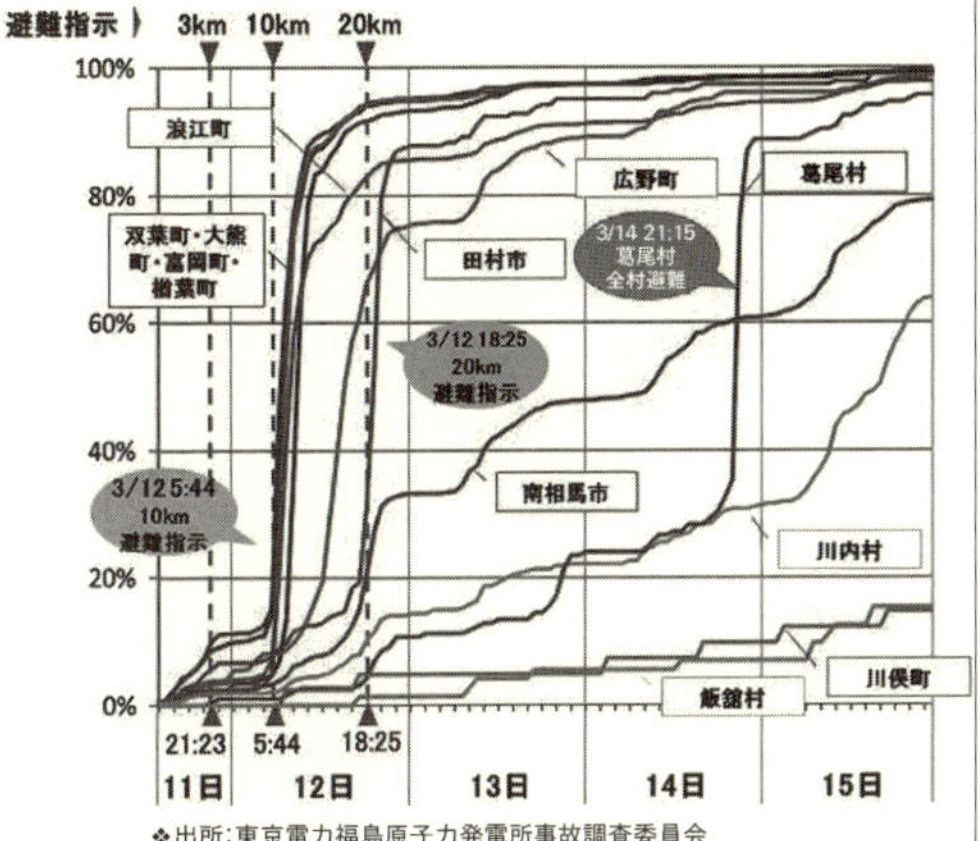

❖出所：東京電力福島原子力発電所事故調査委員会『国会事故調報告書』徳間書店、2012年9月30日

れている。(1) 三月一一日一四時四六分に震度六弱の地震に襲われ、村は一五時一三分に災害対策本部を設置した。一九時〇三分に東電福島第一緊急事態が宣言され、翌一二日五時四四分に一〇キロメートル圏内に避難指示が出された。六時五〇分には富岡町の避難者の受け入れを開始し、一時は六〇〇〇人を超えた。一五時三六分には東電第一原発一号機で水素爆発が起き、一八時二五分に避難指示が半径二〇キロメートル圏に拡大された。翌々日、一四日の一一時〇一分には三号機で水素爆発が起き、一三時二五分には二号機が冷却機能喪失となり、川内村全体が屋内退避区域に指示された。

川内村村長は、三月一五日に富岡町に隣接する第五区田ノ入地区住民に対して避難指示を出し、一七時に川内村役場を閉鎖し、一八時三〇分には防災無線で住民に対して自主避難を促した。川内村・富岡町合同災害対策本部会議は、一六日に自主避難を決定し、九時三〇分に防災無線で再度、自主避難を指示した。集団的にはマイクロバス八台で避難を開始し、午後一一時までには富岡町民一四〇〇名、川内村民五二〇名が、避難先の郡山市のビッグパレットふくしまに入った。川内村の役場機能も郡山市のビッグパレットに移した。二六日には、防災無線を通じて村内居住者に三度目の自主避難を促した。

四月一一日には国による緊急時避難準備区域が指示され、川内村は全村が警戒区域と緊急時避難準備区域に編入された。原災地域の他の市町村でもそうであるが、自主避難を指示したことから避難先が分散した。村民約三〇〇〇人のうち集団的にビッグパレットに避難したのは約六分の一にとどまった。福島大学災害復興研究所が二〇一一年九月〜一〇月にかけて実施した全世帯アンケート調査(回収率四八%)によれば、避難先居住形態は、「自治体が借り上げている住宅(民間借上げアパート)」が三九%で最も多く、以下、仮設住宅二九%、親戚・知人宅一四%、自己負担の賃貸住宅(一戸建て、アパート等)六%、その他一二％であり、避難先が分散している。県内外での避難先は、福島県内が七七％で最も多いが、南関東にも一三％が避難している。新潟県や山形県はそれぞれ一・七％と〇・三％であった。

3 避難所から仮設住宅へ、そして帰還準備

川内村の一次避難先はビッグパレットであったが、四月一日には二次避難先として旅館やホテルなどに移動した。川内村への一時帰宅は二〇一一年五月三日に予行演習が行われ、一〇日と一二日に五四世帯九二人と二八世帯四二人がそれぞれ一時帰宅した。六月八日には郡山市内の仮設住宅の鍵の引き渡し式が行われ、郡山市内の南一丁目、稲川原、若宮前の三ヵ所の仮設住宅への入居が始まった。七月九日には三つの仮設住宅で自治会が発足した。いわき市では四倉町鬼越に応急仮設住宅を作り、一〇月一三日に入居を開始し、一一月五日には自治会が発足した。仮設生活をサポートするために、九月五日には郡山南一丁目仮設住宅の中央に高齢者サポートセンター「あさかの杜ゆふね」が、一〇月一日には川内村仮設診療所が開所(二〇一二年三月末閉所)した。

帰還準備として重要なのが被曝健康管理であり、放射能除染である。放射能汚染は、農産物については四月一三日にシイタケが出荷制限となったが、五月二三日には解除された。また同二六日には、川内村産の原乳からは放射性物質は不検出であることが福島県から発表された。しかし六月一〇日には、上川内地区の土壌調査で微量のストロンチウムが検出されたことが文部科学省から発表され、九月一〇日には、村内の牧草から基準値を上回る放射性物質が検出された。

こうしたことへの対応として、モニタリング調査や内部被ばく調査が始められた。六月二七日から放射線簡易型線量計の貸し出しが始まり、三〇日には村内土壌調査モニタリングが始まった。九月に入ると、村民の内部被ばく調査(九月二二日八六名、同二八日六二名、一〇月一二日九八名、同二七日二八名、いずれも茨城県東海村にて)が行われた。村内各家庭でのモニタリング調査(一〇月三日から)も始まった。二〇一二年五月一一日には、各集会所に食品放射能簡易検査機がやっと設置されることになった。

川内村が他の町村と異なるのは、飲料水調査が多く行われたことにある。それは川内村には浄水場がなく、村民は飲料水を井戸水や清水(簡易上水場)に依存してきたことによる。飲料水は村民にとって最も大切なライフラインであり、帰還準備には欠かすことができないからである。飲料水の調査が始まったのは一一月からであり、一一月二五日には第一行政区を対象に、同二日には第二、三、四行政区を対象に、一二月九日には第五、六、七行政区を対象に、一二月一六日には村役場正面玄関でそれぞれ飲料水の調査が行われた。また一二月一日には交流宿泊施設と釣り堀のある「いわなの郷」で放射性物質の調査が行われた。

放射能除染については国が貝ノ坂地区で行う除染モデル事業の説明会(一〇月二二日)から始まり、一一月に入ると放射能や除染の進め方等についての講演会(八日)が実施され、一四日には公共施設における除染作業が開始された。翌二〇一二年一月二二日には第一区住民に対する川内村復興事業組合の主催による除染説明会が、二六日には除染に係る放射線モニタリング等の説明会がそれぞれ開催された。また二月一九日には第二、三、四行政区を対象とする除染作業説明会が開催された。しかし、川内村の八六%を占める林地の除染はまったく行われておらず、飲料水や農地、農作物調査や内部被ばく健康調査は、今後とも安全・安心の確保のために継続されなければならない。

4 帰村宣言とその背景

帰村準備については、村はまず役場庁舎に職員を配置（六月二七日）し、次いで自家用車による一時帰宅（八月二五日と九月一九日）を実施した。九月一三日には村の復興計画を示し、一七日には保安隊を発足させ、村内の防犯パトロールを開始した。九月一三日には川内へ迎える会が主催で「川内村いのちの森づくり植樹祭」が開催された。ともあれ九月三〇日には緊急時避難準備区域の指示が解除され、大前提としての帰村条件が整った。しかし警戒区域の見直しは二〇一二年四月一日をなお待たなければならなかった。

遠藤雄幸村長は二〇一二年一月三一日に帰村宣言を出した。帰村宣言を出すまでの経過は川内村東日本大震災特別サイト「村の復興に向けた『帰村宣言』」や「川内村長より」、「川内村村長・遠藤雄幸公式サイト『日々ゆうこう』」などを参照していただきたいが、一つの大きな契機は二〇一一年一〇月三一日からのチェルノブイリ視察にある。遠藤村長によれば、一月三一日に「帰村宣言」を出した理由として、水素爆発の危険性が低くなったこと、空間放射線量が低かったこと、復興計画をつくったことなどをあげている。しかし懇談会を進めていくうちに簡単ではないことを気づかされたという。それは「戻る人、戻れない人」といった「白か黒か」の二者択一で議論され、グレーゾーンがなかったことである。(2)

帰村宣言の本当の趣旨は、「戻りたい人から戻ろう。心配な人は様子を見たうえで」というものであり、制約を特に設けることなく帰るか帰らないかを村民各自の判断で決めてほしいというものであった。現実に、その時点ですでに二〇〇人ほどは村に戻っており、その人たちからははやく役場が戻ってほしいとの要望もあった。なお、こうした柔軟な対応については、菅野典雄飯舘村長からのアドバイスが効いているとのことである。

二〇一一年七月三一日に復興ビジョンに関する住民アンケート調査結果が公表された。(3)「原子力災害が解決された場合は、川内村に帰郷されますか」との質問には、八六％が「はい」、一四％が「いいえ」と回答している。「いいえ」と回答した理由は、「仕事が無く、所得を得られないから」二六％が最も高く、これに「放射能被害が怖いから」二〇％、「子供が、避難地区で現在通学しているから」一八％、「交通が不便だから」一五％、「農作物などが栽培できないから」一三％などが続いた。このように全体としては帰郷への比率は高い。

しかし就学前の子どもや小・中学生をもつ村民に限定して、「今後、どのように就学させたいのかを尋ねると、厳しい回答がならぶ。子どもをもつ回答者のうち六三％は「川内村以外の放射能被害のない場所で就学させたい」であり、「川内村に戻って就学させたい」三〇％の二倍強である。さらに「川内村以外の放射能被害のない場所で就学させたい」と回答した村民に対して「お子さんが高校進学に当って、ご家族は、どこに居住しますか」と聞くと、「子供が高校卒業するまで、村外で生活します」との回答が五七％で最も多い。これに「家族に小中学生がいるので、現在の場所で生活します」の三〇％が続き、「子供（高校生）だけ下宿させ、ほかの家族は川内村に戻る予定です」が一一％であった。

帰村への意思に係るアンケート調査は帰村宣言後の二月から三月にかけても実施されている。(4)帰村する時期については、二〇一二年四月末までが四二％、一年以内が三五％であった。二〇一一年九月から一〇月にかけて実施された「双葉八町村調査」の川内村集計分から、「元の住んでいた地域に戻れる状況になるとして、あなたはどれくらいの期間であれば待てますか」との質問への回答分布は、一年以内二七%、一～二年以内三六%、二～三年以内一二%であった。帰るまでに待つ期間が短くなったのは「帰村宣言」の効果であると思われる。残念ながら年齢別あるいは性別集計がないので、どのような人が帰村を前倒しで希望しているのかはわからない。

5 生活インフラの整備に向けて

川内村災害復興ビジョンは二〇一一年九月に策定され、川内村の復興実現のために四本柱を立てた。その四本柱とは、放射線量と汚染対策、快適な居住空間の確保、高規格道路の確保、産業振興と雇用の場の確保である。特に原災以前の生活圏の核になっていた富岡町が警戒区域にとどまり、公共サービスや買物サービス等の指向性を東方の富岡町から西方の小野町等に転換しなければならなかった。しかし小野町方面への道路整備は不十分であり、これまでよりも買物や医療アクセスが不便になった。ライフラインの第一として、高規格道路「あぶくま高原道路」を小野インターから川内村方面へ延伸することが希求され、二〇一二年二月一五日には当時の野田首相に要望書を提出している。また、二〇一二年四月二日には生活バスの運行が開始された。

復興の焦点は何よりも子どもの帰還であり、その母親の帰還である。放射線に対する不安は知らなかったがゆえに大きい。特に低線量被曝については、村長は学者の諸説が独り歩きし、現場が翻弄されたという。一方では、一〇〇ミリシーベルト以下は「安全だよ」と発言され、他方では、飯舘村は二〇ミリシーベルトで避難している。海水は四〇ベクレルなら安全だというが、子どものプールの水についてはどうなのか。いずれにしてもきちんとした数字(基準値)が出てこなかったことが問題である。

それでも三八名の子どもが戻ってきた。戻ってきた子のなかには、他の環境になじめず、不登校の子どもも含まれていた。高校に進学している子どもは、卒業するまでは帰らない。川内村には富岡高校の分校があったが、大学等の進学のためには、下宿して村外の進学校に通うしかなかった。二〇一一年一一月一三日、一二月一八日には保育園、小・中学校の保護者懇談会が開催され、帰村宣言後の四月六日には保育園、小・中学校の合同入園・入学式が行われた。小学生は現在一六名であるが、複式学級にはしないという。子ども一名に教諭一名ということもありうるとしている。

母子を支援するために、放射性セシウムによる健康への影響についての講演会(三月二四日)や、長崎大学大学院の保健師による健康相談会(五月八日)、食事からの内部被曝による健康への影響についての講演会(六月二七日)、放射線についての講演会と相談会(七月一二日)などが開催されている。

復興に向けた次の焦点は地域経済の持続可能性の確保であり、それは産業と雇用の創出である。二〇一一年一〇月二〇日には、除染事業に向けた川内村復興事業組合が設立された。次に農業関係では、一二月一四日には水稲作付実証圃を検査し、上川内の水田二四〇〇平方メートルの玄米からは放射性物質は不検出であった。二〇一二年一月一三日、村長は千葉大学の水耕栽培研究所を視察した。六月一八日には村内農地復興事業除染作業説明会が開催され、同二七日には農地復興組合設立総会が開催された。

工業関係では、二〇一二年六月六日に菊池製作所との間で、同七月一九日には木造住宅建築メーカー

「四季工房」(東北本社・郡山市)との間で、それぞれ工場立地に関する基本協定が締結された。自社特許技術のホットチャンバー方式による電子部品などの精密鋳造部品を製造する菊池製作所は五〇人を求人しているが、実は震災前に富岡高校川内分校廃校舎に来る予定であった。社長は飯舘村の出身である。

水耕栽培については、ヤマト福祉財団から助成三億円(川内村高原農産物栽培工場建設事業)を受けて建設する計画であり、従業員の採用は一四~一五名を予定している。水耕栽培はなおリスクがあるが、食べ物を通じて、風評に立ち向かいたいとしている。太陽光発電についてはドイツで省エネ建築などを促進する民間企業「エコセンターNRW」と基本合意書に調印した(二〇一二年三月二五日)。

商業については、商業者が三分の一になってしまった。住民は日用品や食料品を十分に買うところがない。生鮮三品も手に入らなかった。お昼のできる食堂もなかった。それでも二〇一二年七月二九日には、野菜やきのこの直売所である「あれ・これ市場」川内店がやっと再開した。

6 小括

福島大学うつくしまふくしま未来支援センターは福島における大震災と原災からの復旧・復興を支援するために、二〇一一年七月に設置された。この未来支援センターは、南相馬市と川内村の二ヵ所にサテライトを設けている。特に川内村には特任教員・研究員の二名が担当として配置されており、加えて三名の常駐者を置いている。二〇一二年六月一六日には開所を兼ねて交流の集いを開催した。川内村への帰還・復旧・復興支援については、一つとして産業復興支援担当が中心となって電脳端末タブレットを活用した買物支援の仕組みづくりが進められた。二つとしては村外に出ている保育園児、小中学生が村内に集まる「同窓会」を開催した。

原災からの復旧・復興は、まず放射能除染から始まる。除染作業は生活圏から農地へ、そして里山へと向かっていく。しかし除染したとしても上流や周辺が除染されていなければ、線量は元に戻ってしまうかもしれない。あるいは新たなホットスポットができるかもしれない。そうした不安定性を除染作業はもっている。放射能には半減期があり、自然崩壊して線量は少しずつ下がっていくことは確かである。しかしその時間の経過は戻ってこようとしている人たちにとっては長いものである。それを待っていては帰村へのチャンスが奪われることになる。帰村のチャンスを大きくするためには、子どもの教育の問題、医療や福祉の問題、雇用が確保されるのかどうかといった問題、各種インフラ整備の問題など、多くの問題に対処していかなければならない。

川内村の「帰村宣言」とその前後の取り組みは、なお手探りではあるが、少しずつ実をともなってきている。これは帰村という方向性を明確にし、帰村するか否かの判断を村民に任せるという考え方が村民に受け入れられてきていることを物語っている。しかし、復興への道のりは困難で長い。

(1)……以下の基本的な情報は、川内村「復興元年――一〇〇年後も輝くふるさと(東日本大震災・東京電力福島第一原子力発電所事故 二〇一一・三・一一～二〇一二・七・三一 川内村の記録)」(二〇一二年八月)による。

(2)……遠藤雄幸「復興のため何が課題か――避難から帰村まで」(災害復興フォーラムでの講演)二〇一二年六月七日。

(3)……調査は村民一一〇〇名に郵送方式で行われ、六三%にあたる七〇二名から回答があった。

(4)……「村の復興と行政機能再開に向けた帰村の意向調査結果について」、配布数一三五〇通、回答数六八九通(回収率五一%)、対象者(一世帯に複数の回答者)二八九四人、回答者一八一七人(回答率六二%)。

第一〇章

東日本大震災・原子力災害と商店街の対応

1 東日本大震災・原子力災害地域の企業と業況

三・一一東日本大震災は地震と津波、特に巨大な津波によって青森・岩手・宮城・福島四県の太平洋岸地域の中小企業に大きな影響をあたえた。『中小企業白書2012年版』によれば、四県の津波浸水市町村には七万七一六三社がある。そのうち三万五四九社が浸水地域(調査区単位)にあり、その比率は三九・六%に及び、津波被災地域の経済活動には大きな打撃となっている。またこの大震災は東京電力福島第一原子力発電所事故による原子力災害(以下、原災)を伴っている。この原災地域(調査区単位)の三一六二社は警戒区域等の指定により、地震・津波被害の有無にかかわらず避難を指示された。その比率は市町村全体の四三・四%に達した。(1)

また『中小企業白書』によれば、岩手・宮城・福島の三県における中小企業の業況判断DIは、大震災の影響で大きく落ち込んだ後、サプライチェーンの回復や復興需要等により持ち直してきているが、持ち直しの勢いには県間差が見られる、と指摘している。福島県に絞り、震災直前の二〇一一年三月比でその業種別業況を観察すると、一一年六月のDIはマイナス三五ポイント前後で最悪の水準に落ちたが、九月にはマイナス三〇ポイント台、一二月にはマイナス二〇ポイント台へとわずかな回復を見せた。政府補正予算の成立による復興特需が始まり、一二年三月にはDIはプラス一〇ポイント台になった。しかし六月には再びマイナス一〇ポイント台に落ちた。(2)

業種別では建設業が快調であり、一貫して全体の業況を上回った。これは除染作業、瓦礫処理、建物新築・修復、仮設住宅設置など、復旧需要の大きさを反映している。製造業はサプライチェーン等の回復により操業再開の環境が整ったものの、原災地域では従業員の確保が簡単でないことで回復への足取りが重かった。また円高環境で輸出が振るわないことなどが影響し、一二年六月期にはDIはマイナス二〇ポイント台へと落ち込んだ。卸・小売業は景況を後追いする性格をもっており、二〇一一年は各期ともにDIは最も低かった。二〇一二年に入ると全業種平均と並行する動きを見せた〔**図10-1**〕。

本章では、地震・津波・原災が商店街にどのような影響をもたらしたのか、復旧・復興に向けてどのような努力をしたのかについて、福島県内の事例を主としながら紹介したい。以下においては、まず福島県内外九〇商店街を取り上げ、震災・津波・原災でどのような被害を受けたのか、どのような対応をしたのかを紹介する。次いで、内陸部にありながら地震の被害を大きく受けた福島県須賀川市中心商店街における個店の震災対応を紹介する。第三に震災・津波・原災の三つの影響を受けた南相馬市原町区の商業動向を紹介する。第四に原災地域から二本松市等に避難している浪江商工会の事業所の状況と今後の対応について紹介する。最後に、こうした現状を踏まえ、地域社会の拠点として商店街はどのような展望を持つべきかについて考えたい。

[図10-1] 福島県業種別業況DI値の推移(2007〜2012年)

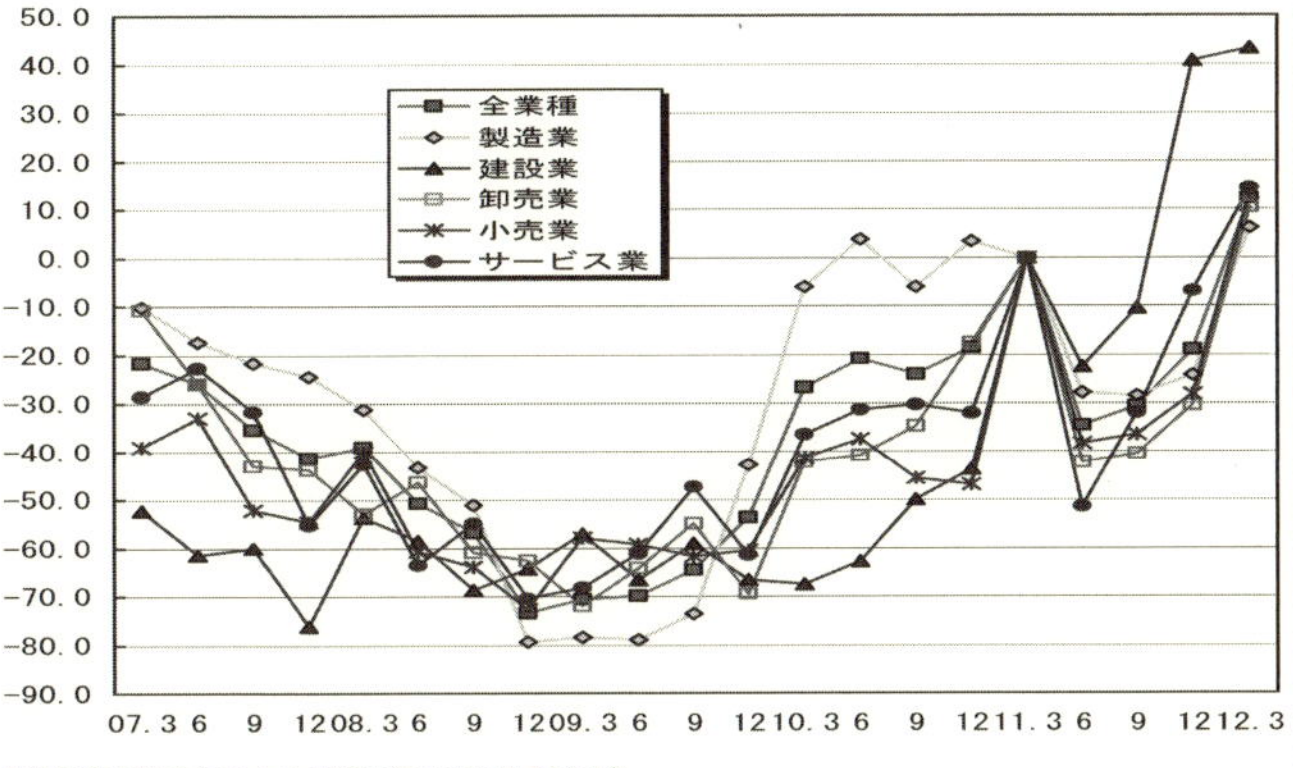

[調査時点]平成24年4月調査(24年3月末時点)
[対象企業]800社
[回答企業]485社(回答率:60.6%)
(製造業234社、建設業44社、卸売業68社、小売業83社、サービス業56社)
[調査時期]四半期毎(3、6、9、12月末時点)

❖出所:福島県産業振興センター「景気動向調査及び受・発注動向調査について」2012年4月

2 商店街の被害と再生支援

二〇一一年調査対象商店街の概要

二〇一一年七~八月にかけて商店街と東日本大震災影響に関する調査を実施した。[3] 調査は九〇商店街(会)に対し面接ヒヤリング形式で実施した。回答商店街の分布は福島県が最も多く五六件(六二%)であり、これに岩手県一四件(一六%)が続き、秋田・山形・宮城県はそれぞれ三~四件であった。回答九〇商店街に「繁栄している?」との問いかけをすると、「全くそう思う」七%、「ややそう思う」一一%、「ややそう思わない」五二%、「全くそう思わない」二九%の回答があり、景況は厳しかった。別の質問として「活性化している?」との問いかけには、「全くそう思う」六%、「ややそう思う」一八%、「ややそう思わない」四六%、「全くそう思わない」三〇%であり、やはり厳しいが、景況に比べれば、「ややそう思う」が若干多くなっている。商店街は活性化への努力をしていると自己評価している。

以下、景況との関係で商店街の概況をたどってみよう。調査商店街の商店集積比率は、全体としては「四分の三以上」が三二%であり、「四分の一未満」二一%で、「商店」街としてのイメージはあまりもてない。商店街の景況が良いのは、商店集積比率が「二分の一以上」というのが必要条件となるが、それは十分条件ではない。

商店街の商圏の広さもさまざまである。最も多いのは近隣程度二四%であるが、小学校区程度、中学校区程度、市内程度などが二割前後で続いている。景況との関係では、繁栄商店街の数は商圏が「より広域的」二件よりもむしろ「小学校区程度」三件の方が多い。必ずしも商圏の広域性は商店街繁栄の必須条件ではない。

調査商店街の立地環境では駅周辺型と中心市街地型とがそれぞれ三分の一強を占めている。中心市街地型は「ややそう思わない」を主軸として景況盛衰の分散度合が少ない。駅前型は盛衰度合いが若干拡散するものの、むしろ厳しく「全くそう思わない」が多くなっている。住宅地背景型は中心市街地型や駅前型に比べれば「ややそう思う」や「全くそう思う」の比率が高く、「全くそう思わない」とする比率が少ない。ロードサイド型は「全くそう思う」の比率が相対的に最も高いが、逆に「全くそう思わない」比率も高くなる。盛衰が両極に分かれる傾向が見られる。

二　街の震災対応

商店街の震災対応はどうであろうか。まず建物罹災証明比率からみると、全体としては「商店のほとんど」が罹災したという比率は四分の一であり、「商店の半数程度」が一割、「商店の一部」が三分の一強であった。調査商店街の都道府県別分布は、北海道から兵庫県まで広がっている。福島県は五五件で六割を占め、その約三分の一（二〇件）では「商店のほとんど」が罹災証明を受けている。震災初期対応で目立つのは、周辺の安否確認、炊き出し、食糧援助、水不足対応、医療品・学校用品などの物資供給、などである。例えば、「去年のお祭りの時のペットボトル水を配布、他地域から井戸水を持ってきて配布、体をふくタオル用意・配布」したという事例や「市内にトイレが一カ所もなくなったため利用者が急増した」という事例、「炊き出しボランティア、二〇〇〇個のおにぎり提供」をしたという事例が報告されている。個店の営業再開それ自体も、「住民の方々が本当に困っている時に営業し、地域の方々に貢献できた」と良い自己評価をしている。ボランティア募金活動なども商店街で行われているが、これは被害が小さい商店街においてである。

対象商店街で最も厳しい被害を受けたのは、東松島市の矢本駅近くのO町一丁目商店街である。店舗施設と取扱商品のいずれもが商店街全体としてほとんど駄目となった。須賀川市C商店街の場合は、地震によって店舗施設はほとんど駄目であったが、取扱商品の被害は店舗による差が出た。全体としては商品等よりも店舗設備の被害の方が大きく、しかも商店による差が大きい。

対象商店街における店舗設備等の被害状況をみると、被害があった比率は五五％であった。こうした被害がある中でも、商店街の商店は被災直後から営業再開への努力を行った。商店街の被災状況別で被災直後から開店していた個店の有無を尋ねると、被災が全体としてなかった商店街（四七％）よりも、何らかの被害があった商店街（六八％）の方で、営業再開への努力を読み取ることができる。被害で全体としてほとんど駄目だった商店街は調査回答数が二件と少ない。そのうち直後に開店した個店があったとする商店街は内陸部に立地して津波の被害を受けていない。津波の被害を受けた商店街一件では被災直後の開店はなかった。

商店街店舗の半数が営業可能になるまでの期間は、約半数が数日程度であった。一週間程度かかったは二割強、二週間程度が一割強、一ヵ月程度が一割弱、一ヵ月以上かかった商店街は七％であった。被害がほとんどなかった商店街は、より大きな被害を受けている商店街よりも全体として営業再開までの期間が短かった。それでも一ヵ月以上の期間がかかっている商店街が三％あった［**図10-2**］。復旧が遅れた原因（複数選択）を尋ねると、ライフラインの被害が五割弱、ガソリン等の燃料入手が四割強であり、店舗の被害や品揃えの困難の二割台よりも高く出た。特にガソリン等の燃料の入手難が、今回の震災の特徴としてあげられる［図10-3］。

商店街の復興への意欲は、やはり被害が大きい商店街ほど高い。被災で全体が駄目だった商店街では、いずれも復興意欲はかなり高い。意欲がかなり高い比率は、店舗による差が大きかった商店街では四〇％であり、ほとんど被害がなかった商店街の三〇％よりも高く出た［図10-4］。復旧・復興の実施方法については、被害状況が厳しい商店街ほどプロジェクトチームという臨時の体制をつくったとする比率が高い。逆にボランティアの受け入れについては、被害が相対的に小さい商店街の方で、相対的に高い比率を見せていた。

　復旧活動としてあがってくるのは、震災の片づけや除染活動、食糧援助な

［図10-2］90商店街での被害状況と店舗の半数が営業可能までの期間

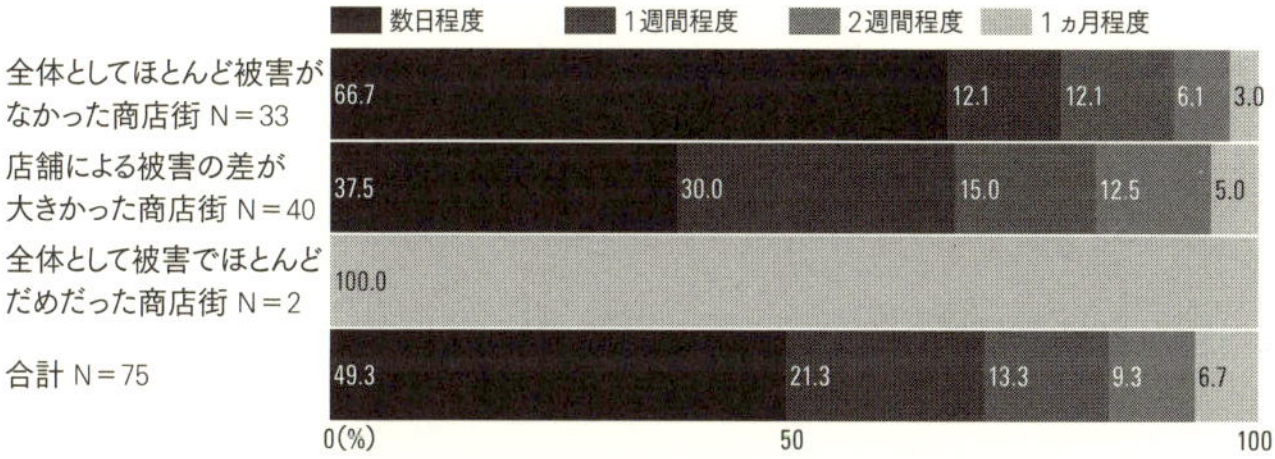

［図10-3］90商店街での復旧が遅れた理由（N＝87）

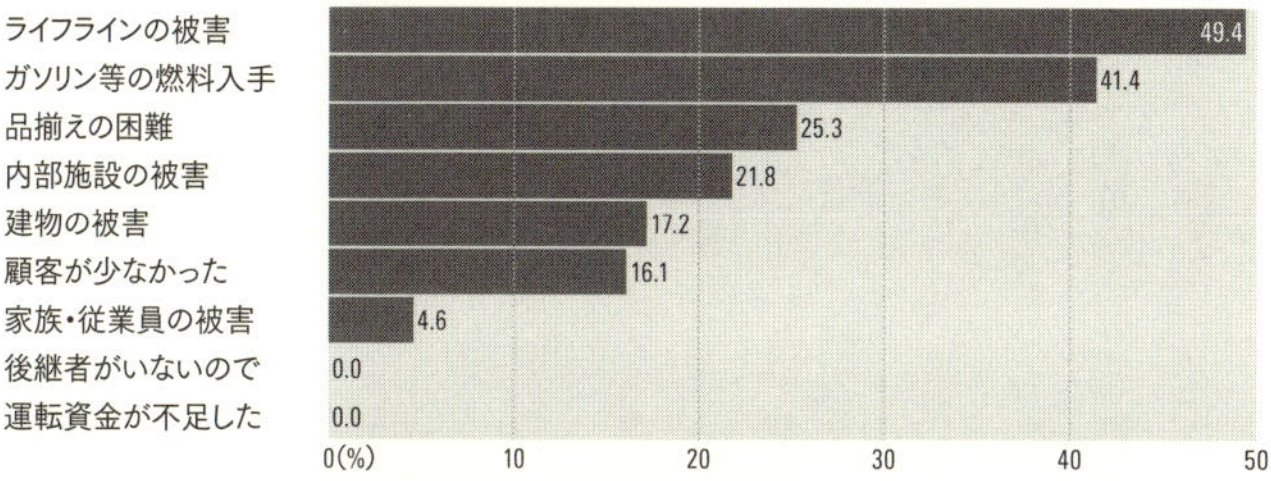

［図10-4］90商店街の被害状況と復興への商店街の意欲

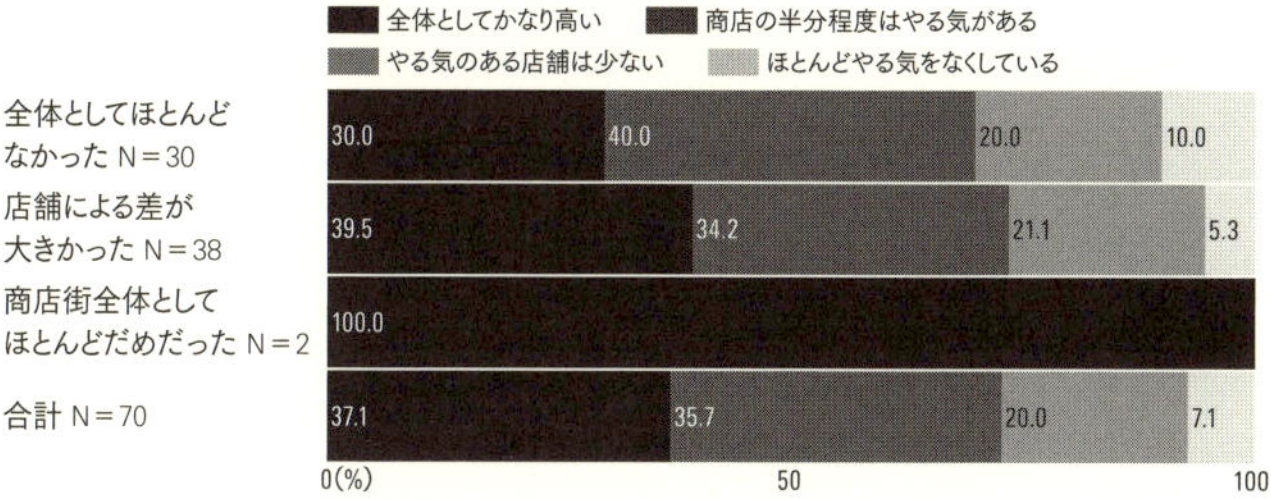

どもあるが、多くは募金活動であり、イベントなども登場している。ただしイベントは基本的には復興活動として位置づけられ、復興キャンペーン、応援ステッカー、のぼり旗、チャリティイベント、コンサートなどとして登場する。福島県の原災地域では放射能除染活動、線量計の無料貸出しの提案、避難者へのPRや無料映画上映、仮設住宅の受入などが行われた。

商店街復興に向けたビジョン等の検討は、被害が大きな商店街ほど取り組みが遅れた。全体が被災で駄目だった二商店街では、いずれも「取り組まない」と回答した。自分たちだけでは「取り組めない」という意味であろう。店舗による被害の差が大きい商店街では、ビジョン等が「既にできている」は一九%、「現在検討中」も同じく一九%であり、「これから議論する」が四一%であった。全体として被害がほとんどなかった商店街では「取り組まない」が四三%で最も多い。これは復興ビジョンとしては必要がないという意味であろう。また「既にできている」という回答も、従前の商店街ビジョンである可能性が高い。

このように調査対象九〇商店街の中には、津波により全壊した商店街からほとんど被害を受けなかった商店街までが入っていた。震災直後から復旧や営業再開への努力の跡がみられるものの、やはり被害の大きいところほど商店街全体としての復旧は遅れた。その主たる原因は個店での被害の程度というよりもライフライン被害やガソリン入手難にあり、特にガソリンの入手難が東日本大震災では注目された。商店街の復旧活動においては一般的な瓦礫の片づけや募金・イベント活動だけでなく、原災の影響もあって放射能除染活動や線量計の無料貸出しなどが特筆される。

3 須賀川市中心商店街の被害と対応

須賀川市中心商店街の特徴

須賀川市は福島県中通り地域にあり、経済県都の郡山市の南に位置し、人口は七万七六〇〇人である。東日本大震災では震度六を記録し、商人としての伝統を持つ一〇〇前後の土蔵が崩れ、市役所や総合福祉センターなどの公的施設も建直しをしなければならないほどの大きな被害を受けた。原災による環境放射能測定値は、須賀川市役所で測定を始めた三月一八日に最大毎時一・九六マイクロシーベルト(μSv/h)を計測し、その後は徐々に低下し、二〇一一年一二月末時点では〇・二〇μSv/h、二〇一二年九月末時点で〇・一二μSv/hであった。

須賀川市中心商店街は、二〇一一年七月時点で個店は九九を数えた。このなかには夜の飲食店は含まれていない。須賀川市中心商店街は商店会で勘定すると、北町・上北町・諏訪町・宮先町・中町・東町・本町・大町・馬町の九つから構成されている。その中で個店数が最も多いのは中町で二二%を占める。これに本町・上北町・北町・宮先町が一割台で続いている。須賀川市中心商店街の業種別店舗構成は、物販業が七割弱、サービス業が三割強である。中心商店街には嗜好品、薬・化粧品、日用品、電器店、生鮮三品、食品販売、食品加工、書籍・文具、種苗・生花、自転車、時計・カメラ、家具・什器、食料品、パン・菓子の物販業と、理・美容、宿泊サービス、金融機関、飲食サービス、医療・整骨のサービス業など多様な店舗が二〜一〇店入っており、日常生活には不便を来さない業種構成となっている[図10-5]。

中心商店街の年間販売額の分布をみると、最も多いのは一千万～三千万円の四四％であり、これに三千万～五千万円が一七％で続いている。年間販売額五億円以上の店舗は金融機関である。土地や店舗の所有状況は、土地は八割強、建物は九割弱で自己所有である。また個店に居住しているかどうかを尋ねると、七割強がそこに住んでいると答えている。

このように須賀川市中心商店街の特徴は、最寄り的な需要についてはほぼすべての業種を確保し、売上げ三千万円前後の個店が多く、その店舗や土地については自己所有が圧倒的で、しかもそこに居住していることにある。

二　東日本大震災による被害状況

まず店主に三・一一の大地震にどこで遭ったのかを尋ねると、八六％が経営する店舗においてであった。次いで、建物の被害がどの程度なのかを聞くと、六割は「被害は受けたが、立ち入りは可能だった」。しかし全壊あるいは立ち入り不可能な被害が二割を占めた。

店舗設備の被害では最も多いのが「ほとんど使用可能」の五一％であり、これに「全く被害なし」二三％が続いた。しかし全壊状態の九％と立ち入り不可能の一一％を合わせると、全体の四分の一の店舗が大きな被害を受けている［**図10-6**］。店舗設備の具体的な被害で多かったのはガラスが割れたというものであった。取扱商品の被害状況については、全く被害がないと回答した店舗は二九％にとどまった。最も多かったのは「ほとんど販売可能」四五％であり、「半分くらいは販売不可能」と「完全に販売不可能」とを合わせると二六％に達した。

［図10-5］須賀川市中心商店街の業種構成（N＝99）

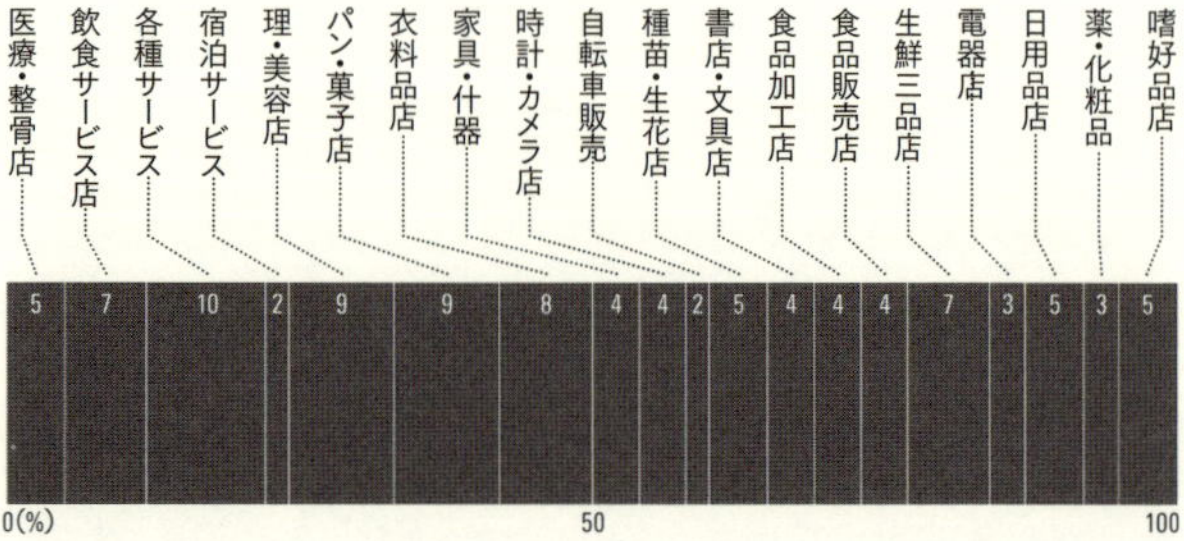

従業員・家族の被害は「物が頭に落ちて傷つき、外科に掛かった」といった事例はあるものの、死亡者は幸いなことになかった。しかし「パートさん宅が全壊、避難所に避難した」「精神的にはダメージがあった」「孫が心理的にストレス」など精神的な影響が一部にみられた。

こうした状況下での震災直後の行動は、回答記述からまとめると、家族の安否確認、水の確保、店舗の片づけなどであった。被災直後の復旧で必要なこととしては、まずは水とガソリンの確保があげられた。水については飲料水だけでなく、店舗の片づけについても欠かすことができない。そのため水やガソリンに関する情報が求められ、井戸水が重宝されたことがわかる。

三　店舗再開における問題

店舗再開への動きは、須賀川市中心商店街では、最も多かったのが二〜三日後の一九%であり、これに震災直後からと翌日から営業とがそれぞれ一七%であった。再開が早いか遅いかの理由を調べてみると、再開が遅れているのは、建物・設備・商品等の被害状況が厳しいほど、店舗設備の被害が大きいほど、したがって修繕用資金がより多く必要であるほど、再開が遅れた傾向にある。店舗建物が自己所有である方が借家よりは早くなる傾向が、また店舗建物に居住している方が他所に住んでいるよりも早く再開する傾向が見られた。

業種ごとで見てみると、物販業の方がサービス業よりも店舗再開が遅れる傾向にあった。震災直後から再開している店舗数が業種別で多かった（約半数を超える）のは、宿泊サービ

[図10-6] 須賀川市中心商店街の震災建物被害（N＝96）

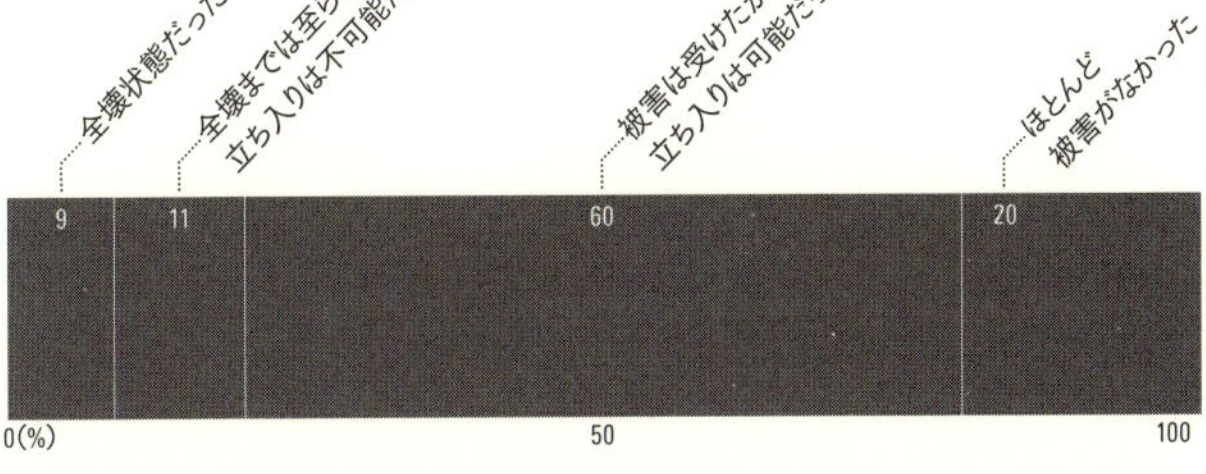

ス、家具・什器、自転車販売、食品販売、電器店などであり、翌日から営業していた店舗が多かったのは時計・カメラや嗜好品店などで、二〜三日後で多かったのは医療・整骨、各種サービス、種苗・生花、薬・化粧品、書籍・文具、生鮮三品などの店舗であった。理・美容店は四〜五日後であった。パン・菓子は一週間後、衣料品、食品加工、日用品店は一〇日後、最も遅かったのは飲食サービス店で、二週間後になってやっと約半数が開店にこぎつけた。

では店舗再開が遅れた原因は何か。最も大きな理由となったのは断水三二%であり、これにガソリン不足一七%、建物被害一五%、商品品揃え不足一二%、商品被害一一%、設備被害一一%などが続いた。業種別での断水の影響は理・美容、飲食サービス、宿泊サービス、パン・菓子、書籍・文具などの店舗で大きく、ガソリン不足は飲食サービスでの回答が目立った［**図10-7**］。

四　店舗修理の問題

被災個店が修繕用に必要とした資金額は、最も多いのは一〇〇〇万円以上であり二〇%を占めた。これに一〇〜五〇〇万円が一七%で続いた。修繕費用に一〇〇〇万円以上を必要とする家屋の構成は、「全壊状態にあった」四三%、「全壊までは至らないが、立ち入りは不可能であった」二一%、「被害は受けたが立ち入りは可能であった」三六%であり、修繕金額と被害状況とはほぼ一致した。店舗設備の被害状況との関係もほぼ同様であるが、逆に費用を

［図10-7］須賀川市中心商店街の店舗再開が遅れた理由

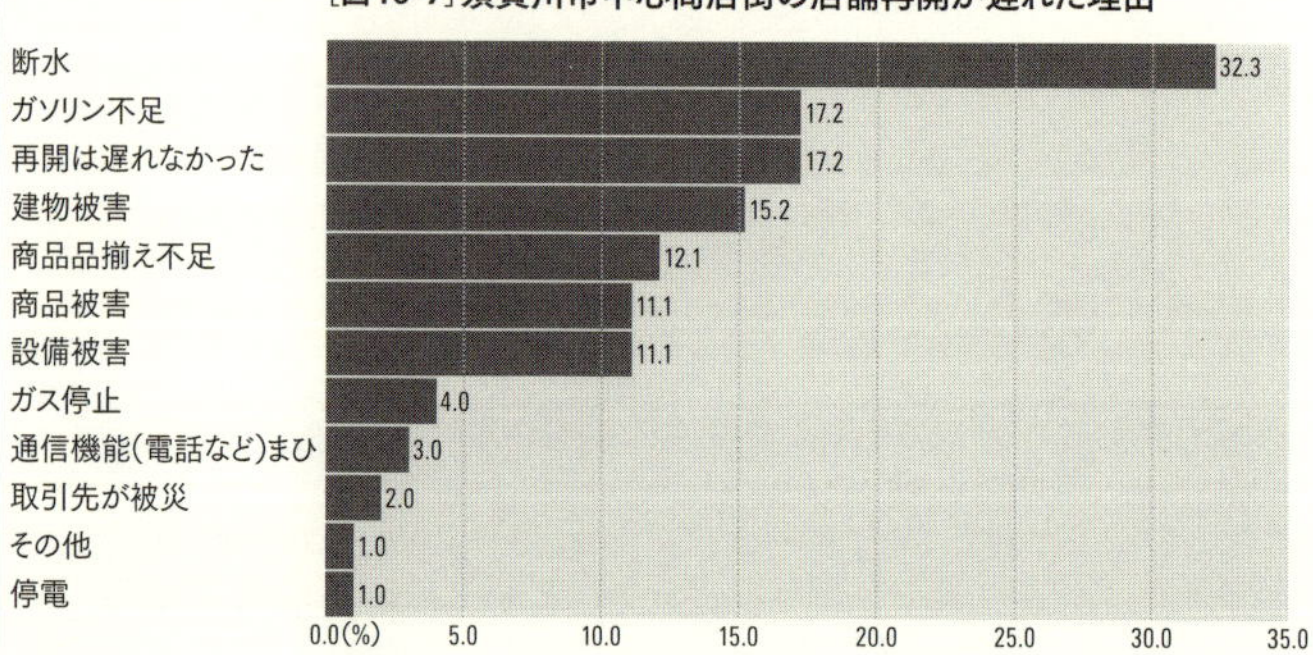

それほどかけずに取り壊してしまう個店もあった。取扱商品被害状況との関係は、建物被害との関係に似ている。

修繕費用と個店再開との関係は、金額が大きい方が、個店再開日が概ね遅れる傾向にある。また金額が少ない個店の方が修繕は早く終わっている。修繕の主な費用は自己資金が多く五五%であり、これに金融機関ローン二〇%、制度資金一七%が続いている。制度資金の活用は修繕額一〇万円未満でもみられるが、金融機関ローンは五〇万円以上でみられた。一〇〇〇万円以上では金融機関ローンの活用率が四三%となり、自己資金と並ぶ比率の高さになった。

二〇一一年七月の売上高はどうだったのか。全体としては減少したが、増加している店舗も一〇%あった。売上高変動の主な理由としては、原災、震災、風評、来客減少などがあがった。売上高が増加した店舗はどのような特徴をもっているのであろうか。家屋・設備・商品の被災は全体平均よりも厳しいが、「再開は遅れなかった」と回答する店舗の比率は高く、かなりがんばった結果が出たといえる。また店舗再開の時期との関係では震災直後から営業している比率が全体平均の約二倍となった。まった修繕への取り組みも、修繕用資金額は相対的に多かったものの早かった。年間販売額では一千万円以上～一億円未満に集まった。業種的にはパン・菓子店や家具・什器店であり、場所的には北町・中町・本町でそれぞれ複数店舗を数えた。こうした店舗においても再開の上で困ったことは断水であった。今後の見通しについては、五八%が回復は当分見込めないと回答していた。一年以内に回復するとみているのは二五%であった。

このように福島県須賀川市の中心商店街も、全体の二割の個店が全壊あるいは立ち入り不可能な状態になった。死者は出なかったなど人的被害は少なかった。被災直後から営業再開への個別的な努力はなされたものの、断水やガソリン不足が再開の足かせとなった。非常時における井戸水の活用が再認識された。被災が少ない店舗の方が、居住分離型の店舗よりも居住併用型の店舗の方が、また物販店よりもサービス店の方が、それぞれ営業再開が早かった。

4 大震災&原災地

南相馬市原町区の商業活動

被害状況と原子力賠償の問題点

南相馬市原町商工会議所が二〇一一年一一～一二月に実施した「原町商工会議所会員実態調査」によれば、南相馬市原町区の人的被害があった商業事業所は六%であり、物的被害は六二%であった[4]。人的被害は七名に上った。物的被害額の分布をみると、五〇〇〇万円未満が七割強を占めており、製造業の被害額に比べると少ない。ただし製造業では億円単位の損害額を三社が計上した。

南相馬市原町区は実態調査実施時点では緊急時避難準備区域に指定されており、原子力賠償の対象となっている。原災は商業者にどのような影響をもたらしたのであろうか。影響の第一位は受注の減少であり、六割強の事業所から回答された。売掛金の回収不能は三割台であり、二割台には雇用の維持困難、その他経費の増大、従業員の確保困難が並んだ。その他具体的な困難の事例をあげると、「配送の車が原町に入らず、相馬まで取りに行った」「三〇キロメートル圏のため品物が入ってこなかった」「避難のため休業」「外に出て商売ができなくなった」などであった。特に前二者は原災特有の事例である。

　こうした悪影響に対して、商業者は東京電力に原子力賠償を請求することとなった。二〇一一年一一〜一二月時点では、仮払請求が九割強で行われたものの、本請求についてはすでに行ったとする割合は四分の一弱にとどまった。六割強が今後行うと回答した。原子力賠償については、商業者の九割強において問題あると指摘していた。その問題点は「賠償額」「中間指針」「加害者」「請求方法」など多岐にわたっていた。原子力賠償の具体的な意見を聞くと、「何年間南相馬市民にいただくか。一人毎月一〇万×五年間とか、売り上げの五〇%を毎年保証とか、この土地に東電はすべて保証すべき」「消費人口の減少に対する賠償」「個別の事情に即した賠償となってない」「いろいろな業種があるのに粗利しか見ていない」などがあがった［図10-8］。

二　営業の再開と問題点

　営業は再開しているのかとの質問に対しては、商業者の八六%が何らかのかたちで再開していると回

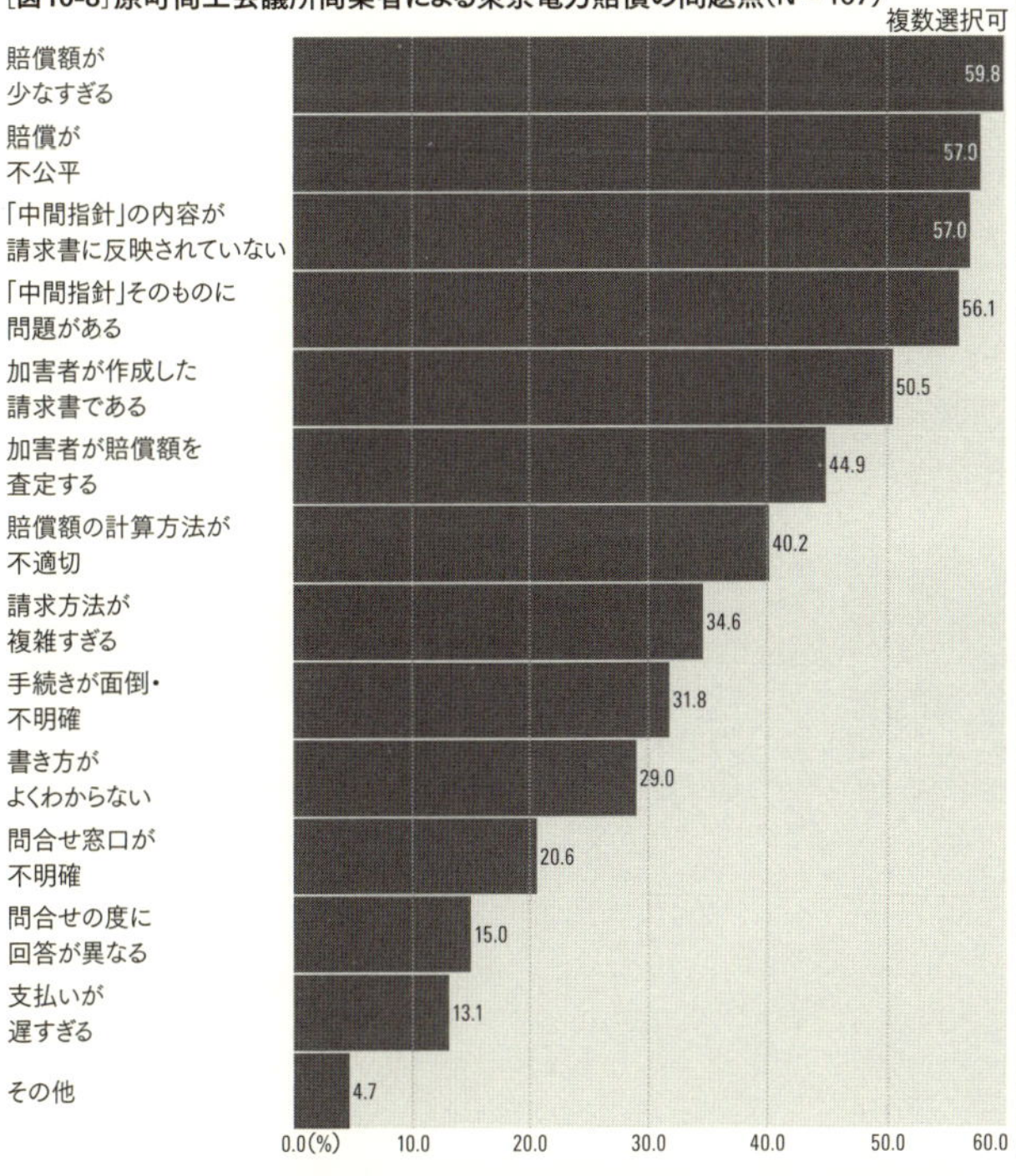

［図10-8］原町商工会議所商業者による東京電力賠償の問題点（N＝107）

答した。なかにはほんのわずかではあるが、移転して再開した。再開の時期は最も多いのが四月上旬であり、これに五月上旬が続いた。九割弱の商店が五月上旬までには営業を再開した。再開にあたっての営業上の問題で最も回答率が高く出たのは受注・顧客の減少の六一%であり、他の理由を大きく引き離した。これに原発事故による避難地域指定が三六%で続いた。具体的には「三〇キロメートル圏内には入りたくないとの重要なお客様の声がほとんど」「小高以南の中学・高校の移転による売り上げ減」「資格者(薬剤師)の避難」「生産物の出荷制限、人口減少、風評」「地物野菜の安全性のこと」などであり、「会社を止めようと思ったが、それに対する賠償額は全くない。止めれば賠償なしとの回答だった」「スタッフの確保ができず、完全再開できない」などやめるにやめられない事態も見えた。

対前年一〇月比で商店の売上げの変動率をみると、九二%の商店で売上げが減少した。全体平均で売上げの減少率はマイナス三九%であり、一〇%きざみでみて最も減少率が集中したのは五割減であり、これに二割減が続いた【図10-9】。そのうえで現在の課題を尋ねると、「顧客の減少」と「東京電力の賠償問題」がそれぞれ六割台を占め、これらに「今後の事業継続の見通し」が五割台で続いた。それでは今後の事業の見通しを聞くと、好転するはわずか一%であり、悪化するが四分の三を占めた。悪化する理由をとりまとめると、「警戒区域の顧客が完全に戻れる環境になるとは思えない」「小高、浪江、双葉、大熊、富岡のユーザーの売り上げがなし」「経済圏の縮小と労働意欲の減退」などであり、購買人口の減少と風評被害の拡大が決定的に効いた。また「電車通らず、六号線も不通」「病院がない」などの指摘もあった。今後の事業継続については半数弱が「現状のまま行う」としていたが、「廃業も視野に入れている」が二割もあった。

ではどのような支援を必要としているのであろうか。商業者の四分の三は「原発事故の収束・十分な賠償についての要望活動」を希望しており、これに「税の減免」が六割台で、「市内の除染活動の実施」「道路・公共交通機関等の交通インフラ」「原発事故被害地域の復興特区指定」などが五割台で続いた。具体的な意見をならべると、以下のようになる。

⦿東電への営業損害、本請求、相談窓口、続けて下さい。

⦿東電の賠償は来年の三月以降も補償してくれるのか？

⦿東京電力の賠償について請求手続きの簡略化、早期支払いを強く働きかけてほしい。先祖代々よりこの南相馬市に住んでなぜ私たちは世界史に残る。この人災は一生補償を希望するものである。

⦿食品安全基準（放射性物質）についての明確な値が今後変わる中で今後の再開の予定が立たない。

⦿商店は一店のみが繁栄しても町は活性化しないですし、上記質問の○印つけるところには全部○印つけたい気持ちです。

⦿支援物資の配給により今でも売り上げ減少を招いているので、もっと商店に配慮した仕組みを作って支援してほしい。

⦿住民が安心して生活できる環境。特に医療関係の充実。

⦿東電からの一方的な賠償額の提示だけではなく、被害者側からの要求もできるように交渉していただきたいです。

⦿家は子ども相手の商売。また露店もしている。この放射能で外の仕事もな

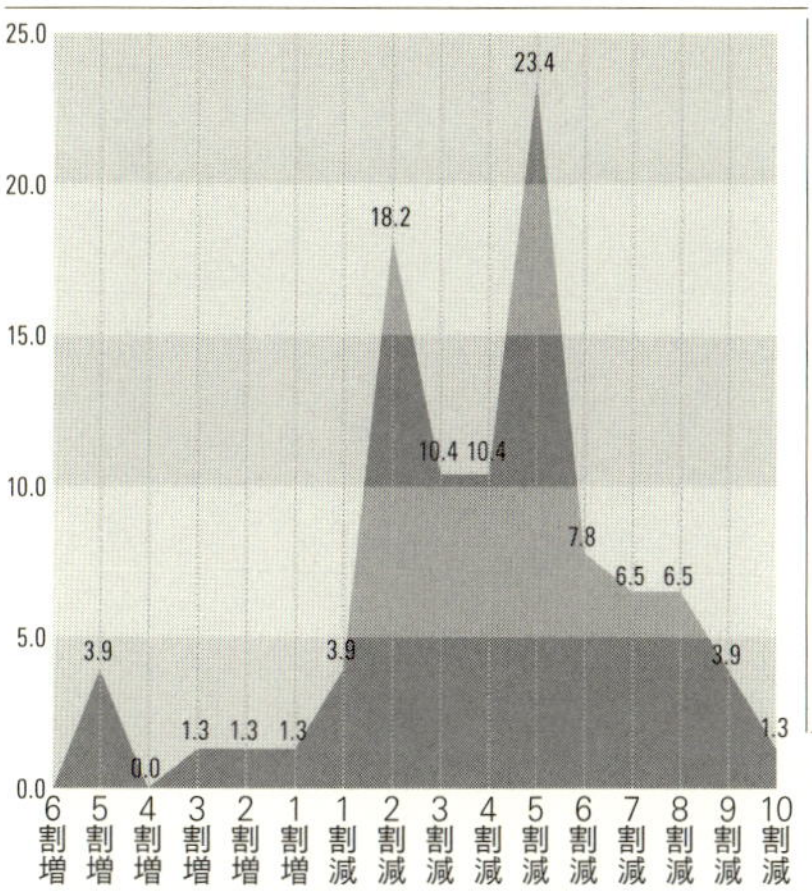

［図10-9］
原町商工会議商業者の売上変動率
（2011年10月～2012年10月　N＝77）

い。東電はこれからずっと賠償金を出してもらいたい。

◉説明会等へいけないことが多いため、文書等で内容の事後報告をしてほしい。本年度の申告をどうしたら良いかなど、わからないことがある。

◉当たり前の損害額を当たり前に支払うよう、東電へあらゆる方法で交渉してもらいたい。

◉子どもや若い人たちが原町に戻ってこれるように早く除染を実施していただきたい。

◉仮設の売上がありましたので、全体の売上は増加していますが、来年度の売上は確実に減少すると思います。不安です。

5　二本松市に避難した浪江町商業者の動向

二本松市に避難する浪江商工会会員の悩み

三月一一日一四時四六分にM九・〇の大地震が発生、浪江町では震度六強を計測した[5]。町内各所で建物倒壊や道路損壊が発生した。一五時三三分には大津波の第一波が浪江町沿岸部に到達、以降数度の大津波が到達し、死者・行方不明者一八四名、流出した住戸数は約六〇〇戸であった。町民の多くはまず町内一二の施設に避難した。さらに三月一一日一六時四五分に東電第一原発での電源喪失が、東電から政府へは通報されたが、浪江町にはその連絡はなかった。同日二一時二三分、東電第一原発の半径三キロメートル圏内の住民に避難指示が出され、半径三～一〇キロメートル圏内の住民に屋内待避指示が出されたものの、これについても町への連絡はなかった。三月一二日〇五時四四分に一〇キロメートル圏内の住民へ指示が屋内退避から避難に切り替えられたが、これも浪江町には連絡がなかった。

しかし浪江町は一〇キロ圏外への避難誘導と避難を開始することとし、一三時〇〇分には同町津島支所に災害対策本部の移転を決定した。三月一二日一五時三六分に一号機の水素爆発が発生し、一八時二五分には二〇キロメートル圏内の住民に避難指示が出された。これも浪江町には連絡がなかった。

しかし夕刻から夜にかけて浪江町でも二〇キロメートル圏外への避難誘導と避難が開始された。三月一三日一五時四一分に二号機で水素爆発が、三月一四日一一時〇一分には三号機で水素爆発が発生した。三月一五日〇四時三〇分に浪江町独自の判断で町外への避難を決定し、二本松市長への依頼に着手した。一〇時〇〇分に町長は浪江町全域に避難指示を発令し、二本松市への避難を決定した。同日一一時〇〇分には二〇～三〇キロメートル圏内住民への屋内待避指示が出された。これも町には連絡がなかった。同日中に二本松市東和地域に避難所を開設し、災害対策本部を同地域に設置した。四月二二日〇〇時〇〇分には二〇キロメートル圏内が警戒区域、〇九時四四分には計画的避難区域が設定された。浪江町の仮設住宅は福島県内では福島市、二本松市、白河市などに分散している。浪江町民約二万人のうち約四分の一にあたる町民が二本松市に避難し、その後、二本松市には一千戸以上の仮設住宅が作られ、二二三九世帯四八七三人が入居した。しかしそれよりも民間借上住宅に入居した町民の方が多かった。

［図10-10］
浪江町民の避難経路
❖出所：(社)中小企業診断協会福島県支部『大震災に中小企業はどう向き合っていくか――浪江町商工事業者の闘いの軌跡を辿る』2012年2月

商工業の担い手はどのように避難したのであろうか。浪江商工会の会員六三三名のうち、三分の二強は福島県内に、三分の一弱が福島県外に避難していた。福島県内での避難先は県北地区五四％、いわき地区と県中地区それぞれ一三％となっている。

事業再開の有無を尋ねると、「仮事務所・仮工場等で事業を再開している」一六％、「避難先等で再開を予定している」九％であり、合わせても四分の一にとどまった[図10-11]。広野町商工会ではメンバーの事業所再開率が六三％であったことから、浪江町の事業所再開率はかなり低い水準にとどまったことがわかる。部門別で再開率を見ると、建設四四％、製造三一％、飲食サービス二三％、卸小売一五％であり、復興特需の恩恵を受けやすい建設業が相対的に高かった。次に再開場所と再開予定場所を尋ねると、再開場所は郡山市や福島市などが二割前後で多く、再開予定場所は南相馬市が多かった[図10-12]。

再開するつもりがない理由は「避難先等で再開しても顧客がいないため成功する確率が少ないと思われるから」が二八％で最も多く、これに「いつ浪江町に戻れるかどうか分からないため」二三％、「現在、事業再開における運転資金・設備資金の新たな融資が難しい」一二％、「現在、負債があって、二重ローンを抱えるリスクを負いたくない」一一％などが続いた[図10-13]。また「再開したところ」であっても、その九〇％が売上げを減少させ、「儲からない」状況にあった。たしかに建設業は、除染・復旧・復興に向けての需要があ

[図10-11] 浪江商工会会員の避難先での事業再開の有無(回答数＝424)

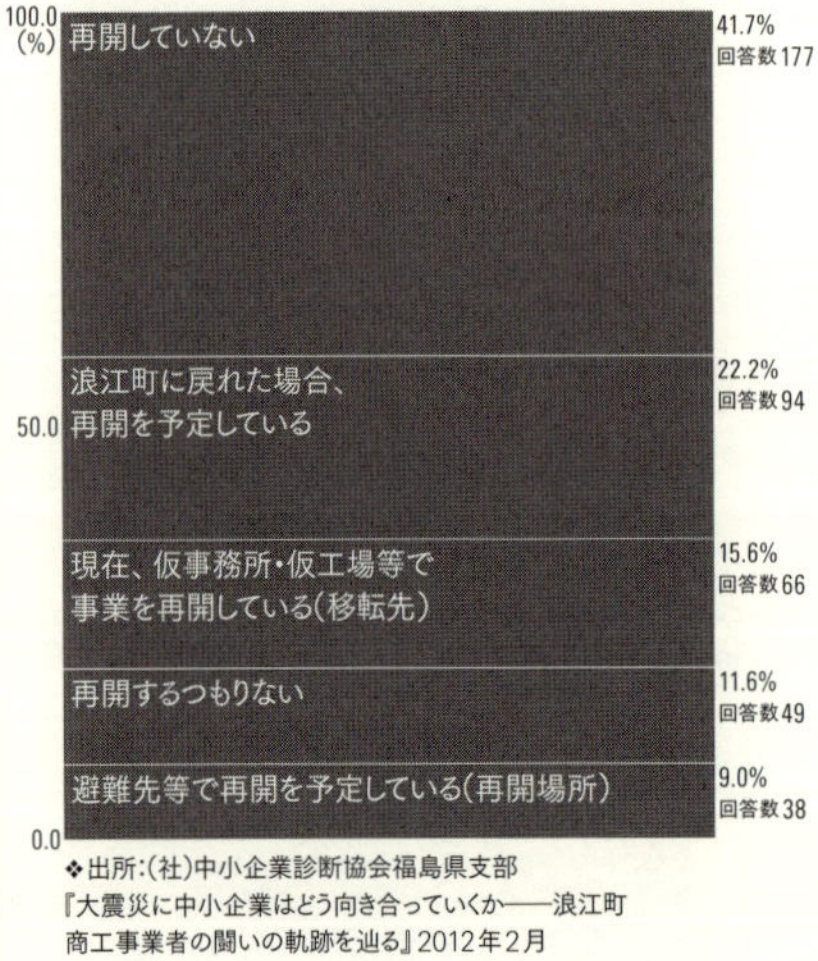

❖出所:(社)中小企業診断協会福島県支部『大震災に中小企業はどう向き合っていくか――浪江町商工事業者の闘いの軌跡を辿る』2012年2月

り、人手不足の状況にあったが、二、三年後には厳しくなると読んでいた。それは阪神・淡路大震災の際に建設業は四年後には厳しくなったからである。また売上げはあったとしても、利益がでなかった。ゼネコンは利益を取るが、地元建設業は資材の高騰・人件費が嵩んで、資金ショートの恐れがあった。また商業サービス業のA食品卸はとろみ食品で特長を持っていたが、震災・原災で二ヵ月休業した。中通り・会津方面でも顧客は戻らず、再開実現は二割にとどまった。しかしB蕎麦屋の場合のように、二本松市で再開し、中心市街地活性化協議会の支援を受け、マスコミとインターネットを活用することで、震災前より売上高をアップさせた例もある。

福島県中小企業診断士協会は、こうした調査に基づいて、以下のような判断を示した。

第一は避難先での事業再開の難しさである。それは被災地に戻れるかどうか、戻れるとしてもいつなのかなど、事業再開において見通しが立たないことに基本的な原因がある。また見通しが立ったとしても顧客の獲得など収益の確保に向けて高いハードルがあり、このことは再開までの時間がより長くなればなるほど困難さが高まるのである。

［図10-12］浪江商工会商業部会員の事業再開場所

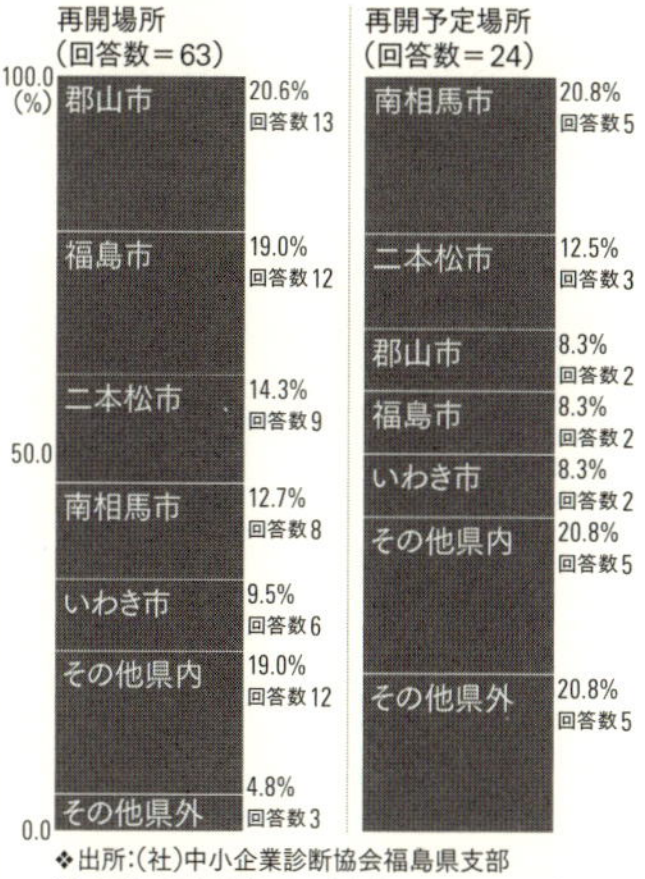

❖出所：(社)中小企業診断協会福島県支部『大震災に中小企業はどう向き合っていくか——浪江町商工事業者の闘いの軌跡を辿る』2012年2月(左表も)

［図10-13］浪江商工会商業部会員が事業を再開するつもりがない理由(回答数＝389)

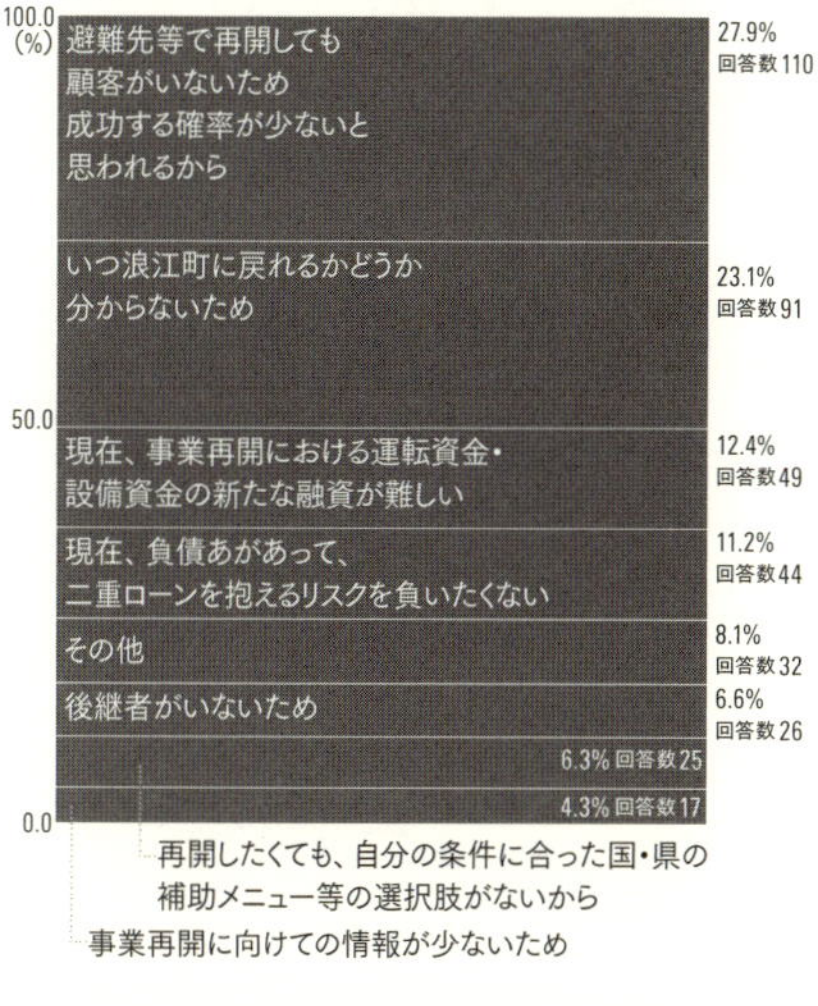

第二はどのように事業再開を支援するかである。端的な表現としては「やる気＋資金＋後押し」である。再開のための資金確保は避難者にとって容易ではない。事業者の多くはすでに事業用ローンを背負っており、その返済が一時的に猶予されたとしても、またたとえ無利子による新規融資が行われるとしても、二重ローン問題を抱えることには変わりない。それを回避するためには、義援金や賠償金を貯めるしかない。しかし事例は少ないとはいえ、避難生活や仮設生活の長期化によって、働く意欲や生きる意欲が減退し、なかには原子力賠償金が入ることで、飲酒やギャンブルに依存する人たちもいた。

「後押し」はどのように行えばよいのであろうか。復興事業は浪江町と二本松市が連携して行うことが重要である。浪江町は住民が戻るためのコミュニティの創造のために二本松市とタイアップして活動している。災害対策本部スタッフと民間とが一体となって活動を開始し、夏祭りで連携した。夏祭りの売上げは三〜四割アップしたという。B級グルメで知られる浪江焼そばと二本松焼きそばとが競い合い、両方ともに売上げが上がったのである。

さらに民間の復興主体である「まちづくりNPO新町なみえ」を設立し、自分のまちは自分でつくるという姿勢を明確にした。同時に早稲田大学の支援を受けて、浪江復興塾を開始している。それは「早期帰還のまちづくり」であり、帰還までは「避難先都市での町外コミュニティ(仮のまち)」づくりを検討するために立体模型を使い、またプレイヤー(仮想の人)に条件を付けて意見交換を行うワークショップで帰還までの暮らしの課題とニーズを把握している。この役割ゲームでは、現実の人からの要望はなかなか聞けないが、他人(プレイヤー)の話だと意見が意外なほど率直に出てくる。このゲームには五〇名ほどが携わった。しかしなお問題がある。それは借上住宅に分散して住んでいる避難者の現状やニーズがなかなかつかめないことであった。そのために借上住宅の避難者にも仮設住宅の集会所を使えるよう工夫している。また仮設住宅一六〇戸で自治会を結成した。いずれにしても避難住民と地元住民との融合が求められたのである。

ではどのような方向性が求められるのか。そのポイントは復興と賠償を両輪として、一体として進めていけるかどうかにある。原災地域にとって原子力賠償金は営業再開の下支えとなりうるものであり、これをいかに前向きに活用できるかどうかである。すなわち帰還・復旧・復興の過程にはなお不確実性が続くが、判断できる材料の提供、決断できる環境整備の努力を、自分たちで行うことが重要である。時間軸を意識した経営戦略を立て、当面は中間復興という戦術で臨むことが必要であろう。事業のニーズを把握することが求められ、「犬も歩けば棒にあたる」ということでもないが、偶然の出会いをネットワーク化していくことが重要である、と佐藤健一氏は指摘している。

6 新たな商業まちづくりに向けて

商店街は地域社会の経済活動だけでなく、地域社会における諸活動の要の役割を果たしてきている。震災・原災という非常時においても、地域住民に商品やサービスを可能な限り早く提供するという業務的役割のほかに、瓦礫の片づけ、除染活動、食糧援助、募金活動など地域社会への貢献活動を積極的に行ってきている。それは大型店とは違った顔の見える地域社会への貢献である。今回、商店街が復旧に立ち上がるためにも、水・電気・ガソリンなどのライフラインの確保が前提となることが再認識された。

地震・津波の被災とは異なり、原災は建物や設備、商品などの被害がなくとも避難指示をもたらし、商店街はその強制によって営業を閉じざるを得ない。しかも代償としての原子力賠償はかなり遅れ、しかも不十分な金額であり、また顧客も戻っていないことから、避難区域等が解除されるとしてもその再開は簡単ではない。一部に復興特需に潤う個店もあるが、それがいつまでも続くわけではない。そのことは営業再開のための再投資をためらう傾向あるいは廃業する意向すらもたらしている。

さりとて避難先で営業を再開することも簡単ではない。「お世話になっている」のに、避難先での営業再開が既存商業者のパイを奪ってしまうことになりはしないかという心配がみられる。このことについては杞憂であることもある。それは避難先の商業者とのタイアップがかえってより多くの顧客を引き付ける競争のきっかけともなりうるからである。仮設住宅や借上住宅に避難者が入ることは、商圏内の消費拡大の大きな可能性ともなる。良い意味での競争は新たな物販やサービスをもたらすが、これは避難者だけでなく既存住民にも歓迎されるからである。

制限区域に指示されていた市町村は、まちづくりの重点を、帰還のための除染計画から復興計画、さらには総合計画の見直しへと移行させようとしている。直接的には帰還できず、当面は仮の町への居住が求められる町村においても、まちづくりをどのように行うのかが、真剣に検討されなければならない。公的サービスとしての役場・教育機能をどこにおくのか、共的サービスとしての福祉・医療機能をどこにおくのか、私的サービスとしての買物・生活機能をどこにおくのかが重要になる。その際、商店街はこれらの都市機能を複合ないしは融合させ、新たな業態や形態によって再生されなければならない。

その際重要になるのは、まず魅力ある商業集積を創出するために商店街として個店を集中させることである。それは仮設商店街の経験を見ても明らかである。また立地場所の選定にあたっては、例えば宮城県大崎市の道の駅「あ・ら・伊達」の経験を活かし、定住人口のほかに交流人口にも対応できるものでなければならない。それは周辺の農林漁業の振興と結びつけることも求められる。また商業機能を集積させるとすれば、買物弱者が移動する費用負担の軽減をどのように図るかが重要であり、地域公共交通の効果的整備が進められなければならない。金融機能へのアクセスも必須であり、特に高齢者にとっては身近な場所で年金を引き下ろすために、移動ATMは欠かすことができない。あるいはICTと宅配便を活用して公共私サービスをいかに束ねることができるのかが鍵となろう。フードデザート、マネーデザート、メディカルデザート問題を引き起こさないようにしなければならず、そのためには移動役場・移動販売・移動ATM・移動診療所などの整備が必要である。そして商業者は、こうした機能を積極的に担うことが、人口がより希薄な地域ほど重要になるのである。

(1)……その比率が一〇〇%でないのは、比較的企業数が少ない双葉八町村と飯舘村は全町村域が警戒区域等に指示されているが、多くの企業が立地する南相馬市や田村市には警戒区域等に指示されていない地域が多く含まれるからである。

(2)……福島県産業振興センター「景気動向調査」二〇一二年八月一〇日。http://www.utsukushima.net/information/shinkoujoho/2012/2012_6/keiki/keiki.pdf

(3)……この調査は二〇一一年八月に福島大学経済経営学類「地域経済論Ⅱ」の受講生によって行われた。調査対象商店街は各受講生によって任意に選択されている。

(4)……報告書は福島大学初沢敏生教授によってとりまとめられている。この調査は会員である工業者、商業者、サービス業者に対して行われたものであり、本章ではそのうちの商業者に関するデータを活用している。

(5)……浪江町の被害と避難の状況については、浪江町復興検討委員会『第一次浪江町復興ビジョン素案中間報告(案)』(第四回、資料1~2)、二〇一一年一二月一六日による。

第一一章

脱原発と地域経済の展望

1 はじめに

東日本大震災を特徴づけるのは何よりも福島第一原子力発電所の破綻であり、放射能汚染はこれまでとは全く異なった重苦しい避難形態や避難生活を被災者にもたらしている。炉心溶融と水素爆発は周辺住民に目に見えない放射能汚染という身体への健康被害と心理的な不安を与えている。佐藤雄平福島県知事は、「福島県復興ビジョン」が確定した後「第一原子力発電所の再稼働はありえない」と発言し、二〇一一年一一月三〇日の県議会において、今後策定する復興計画において福島第二原発を含めた県内全原発廃炉を求めることを表明した。しかしそこに至るまで、県知事は原子力発電所における一万人の雇用問題、電源三法交付金や核燃料税などの比較的自由裁量の利く財源問題など、原発と地域経済との関係で決断を逡巡していた。

本章では「福島県復興ビジョン」が基本理念の第一に掲げた「脱原発」としての「原子力に依存しない、安全・安心で持続的に発展可能な社会づくり」がいかなる地域経済的文脈をもっているのかを検討することに目的がある。この文脈をたどるために、まず電源三法交付金など原発立地や稼働にかかわる財政措置の状況、その地域経済への波及の状況を概観する。[1] こうした地域財政や地域経済の文脈は「原発安全神話」の上に構築された繁栄景観であり、原発破綻によって原発社会の繁栄景観がいかに「幻影」であったのか、また一瞬のうちに自然と人間の社会をどのように「空白化」させたのかについて、被災者の避難と放射能汚染の状況からたどってみたい。福島第一原発破綻が未収束であるにもかかわらず、電力価格の上昇による「コスト問題」に国民の目を向けさせようとしたり、原発の輸出を断念しないなど、政権が民主党から自民党に交替したことで、「脱原発」への道を後退させようという動きがみられる。日本国民はそれを支持するのであろうか。また「脱原発」は多くの場合、再生可能エネルギーへの転換という方向をとるが、それを進めるにあたって、当面する問題は何なのかを考えてみたい。

2 電源三法交付金と地域経済

原子力発電所の立地が地域経済に及ぼす影響は、電源三法交付金制度を通じてである。二〇一二年三月八日のＮＨＫアンケート調査によれば、四四原発立地自治体に支払われた電源三法交付金や電力会社寄付金などいわゆる「原発マネー」は、累計で三兆一一二七億円と計算されている[2]。電源三法交付金はエネルギー対策特別会計に組み込まれており、原発立地にかかわる事業費は主に電源立地対策費や電源利用対策費などに計上されている。二〇一一年度の電源立地対策費は一六六〇億円、電源利用対策費は二六二億円であった。二〇一一年度の特徴は、東京電力福島第一原子力発電所の事故と放射性物質の外部放出による放射能汚染への対応との関係で歳入項目に「原子力賠償支援」が登場したこと、歳出項目の国債・借入金償還において金額が約二倍の三・四兆円に膨らんだことである［**図11－1**］。

電源地域の指定要件は、三五万キロワット以上の原子力発電所、一〇〇〇キロワット以上の水力発電所、一万キロワット以上の地熱発電所、沖縄県にある八万キロワット以上の火力発電所などが所在する市町村およびその周辺市町村である。二〇〇九年度に市町村や都道府県に支払われた電源三法交付金額は合計で一五五四・五億円であった。都道府県別で最も多かったのは新潟県二四〇・〇億円であ

[図11-1] エネルギー特別会計の歳入・歳出構造

	⦿歳入	エネルギー特別会計	⦿歳出	
一般会計	石油石炭税財源 4,635億円　2007年度 4,752億円　2011年度		事業費 2,846億円 2,868億円	燃料安定供給対策費
	電源開発促進税財源 3,122億円 2,970億円		事業費 1,800億円 2,496億円	エネルギー需給構造高度化対策費
	一般会計繰入 ❖ 270億円		事業費 1,695億円 1,660億円	電源立地対策費
余剰金	前年度剰余金 2,123億円 1,172億円		事業費 388億円 262億円	電源利用対策費
石油証券及び借入金収入	借入金 15,466億円 14.342億円		独法運営費交付金 2,796億円 2,571億円	独立行政法人等運営費・交付金・出資金・整備費
原子力損害賠償支援(@)	借入金 ❖ 20,000億円		事務的経費 97億円 63億円	事務取扱費
備蓄石油売払代	備蓄石油売払代 127億円 447億円		国債・借入金償還 16,038億円 34,085億円	国債整金基金特別会計繰入
周辺地域整備資金受入	周辺地域整備資金受入 201億円 125億円		資金繰入 96億円 115億円	周辺地域整備・原子力損害賠償支援(@)資金繰入
雑収入等	雑収入等 25億円 66億円		予備費等 25億円 24億円	予備費等
合計	25,699億円 44,144億円	2007年度 2011年度	25,781億円 44,144億円	

注
1) ❖は該当項目なし
2) 2007年度は歳入と歳出の合計が一致しない
2)@は2011年度にできた項目

出所：経済産業省資源エネルギー庁
http://www.enecho.meti.go.jp/info/index_info02.htm により作成

り、これに福島県二四〇・〇億円、青森県二一三・一億円、福井県一九八・二億円などが続いており、交付金が多い道府県には原発が立地している[図11-2]。市町村に直接支払われた交付金額は、二〇〇九年度の場合、三一八・八億円であった。そのうち最も多いのは松江市の五七・四億円で、これに福井県おおい町二一・三億円が続く。他に一〇億円以上が交付された市町村は、青森県六ケ所村、福島県双葉町、福島県大熊町、新潟県柏崎市、静岡県御前崎市、福井県敦賀市、福井県高浜町、愛媛県伊方町、

[図11-2]
道府県別電源三法交付金額(2009年度)
❖出所:資源エネルギー庁「平成21年度電源立地地域対策交付金の直接交付先・都道府県別交付金額」2010年
http://www.enecho.meti.go.jp/info/h21dengenkoufu.pdf により作成

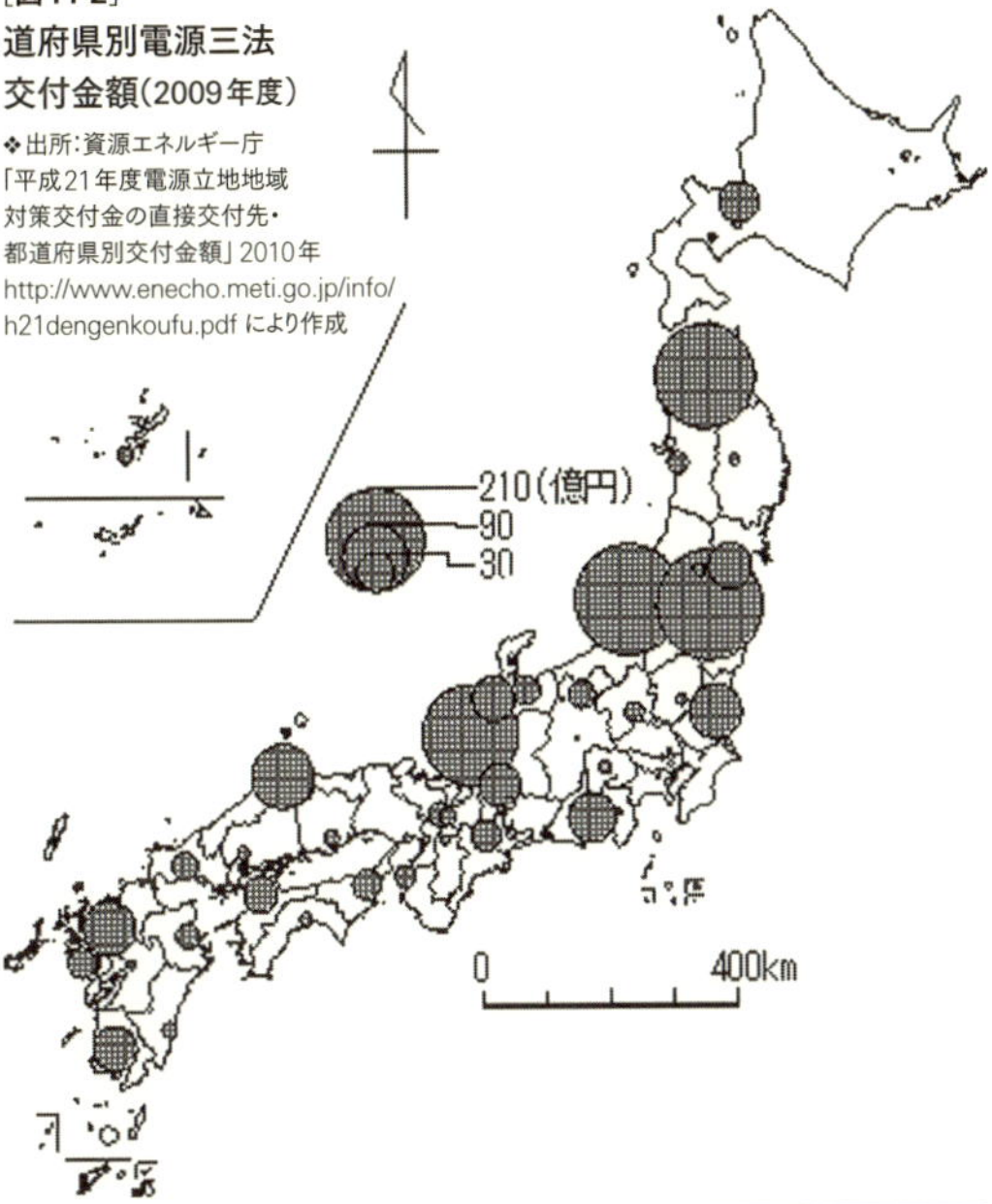

[図11-3]
市町村別電源三法交付金額(2009年度)
❖出所:[図11-2]に同じ

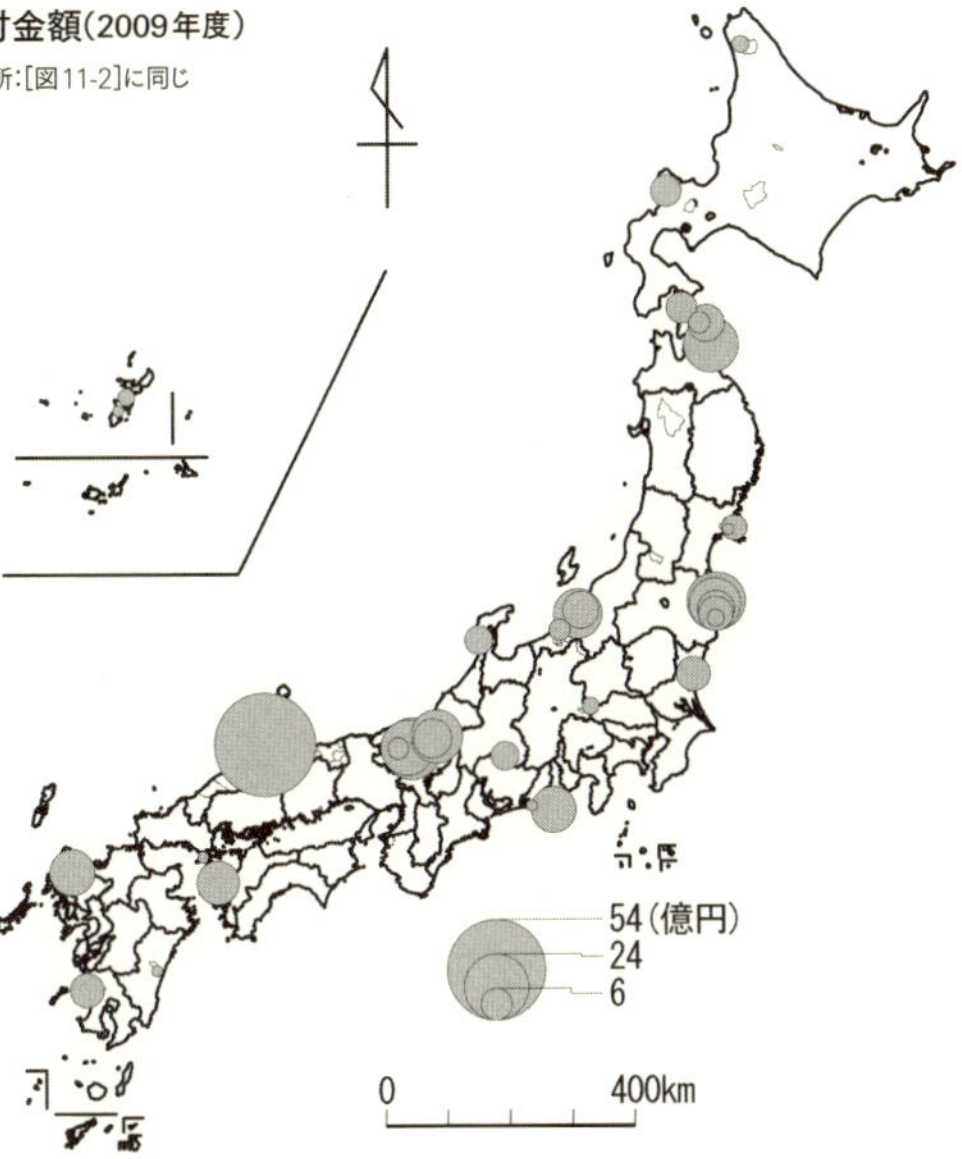

佐賀県玄海町などであり、いずれも原発立地市町村である［図11－3］。

電源三法交付金は年度が下るにつれて、その支給対象事業が変化してきている。例えば福島県における電源三法交付金では、一九七四年から立地促進対策費が計上されている。この経費は主に公共施設充実を名目に計上され、原発立地市町村の豪華な「箱モノ」が整備された。この「箱モノ」建設は原発立地の効果を視覚的にも見せる役割を果たしたものの、維持管理費などが措置されないために、豪華な施設を建設した市町村ほどその後の財政を圧迫する原因となった。一九八〇年からは原発立地市町村だけでなく、周辺市町村の不満に対応する目的で原子力発電所施設等周辺地域交付金が、原発による電力需給地域のずれによる消費電力の格差に対する供給県の不満に対応する目的で電力移出県等交付金が、また水力発電所が立地する市町村に電源という理由で水力発電施設等周辺地域交付金が交付されることになった。さらに一九八〇年代後半になると、原発立地が地域振興に役立つとは必ずしもいえないことが明確になった。さらにポスト電源地域振興の調査研究を主たる目的とする電源地域産業育成支援の補助金制度が導入された。しかし多くの調査報告が作成されたものの、企業立地等ははかばかしくなった。これに対応するために、原子力発電施設等地域長期発展対策交付金が創設された。さらに行き詰っている原発の新規立地を促進するために、重要電源等立地推進対策交付金が創設された［図11－4］。

［図11-4］福島県電源三法交付金額の推移とその構成

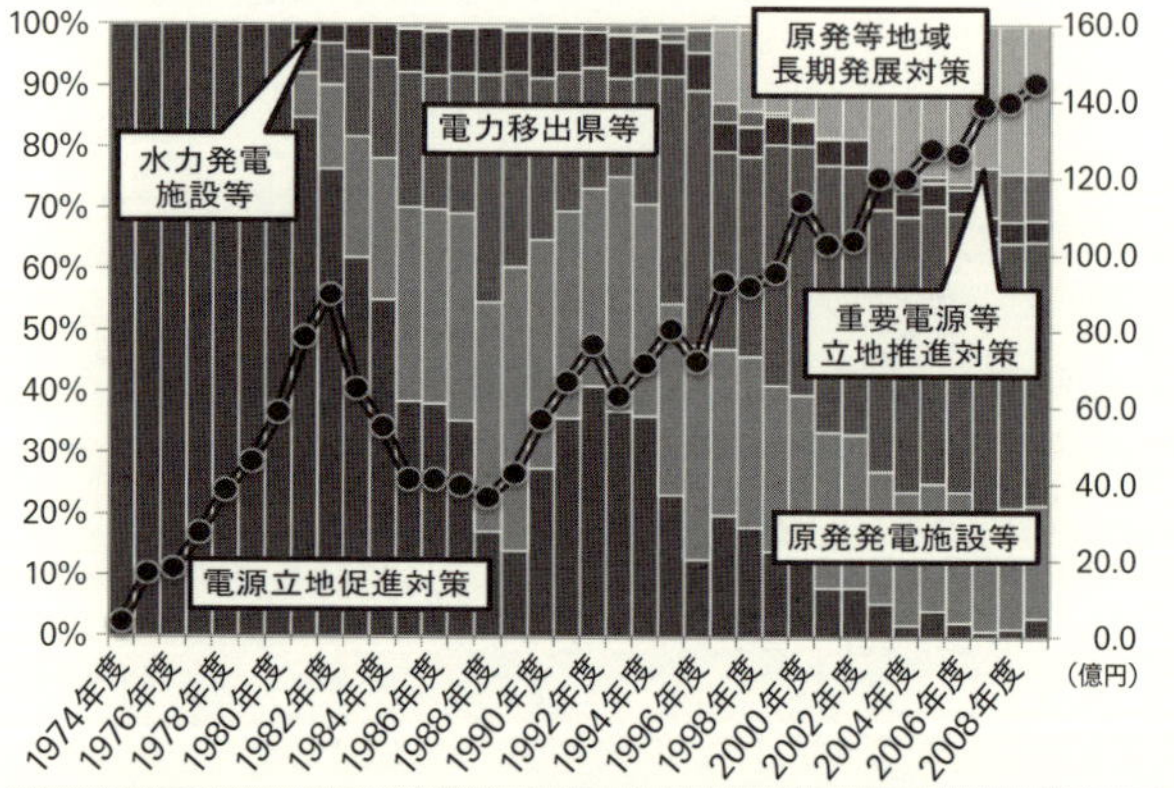

❖出所：福島県『福島県における電源立地地域対策交付金等に関する資料』2010年
http://wwwcms.pref.fukushima.jp/download/1/h24kouhukinshiryou.pdf

こうした交付金は原発立地市町村の財政にどのような影響をもたらしたのであろうか。富岡町の場合、一九七四〜二〇〇〇年という限られた期間でのデータであるが、歳入総額は一九七〇年代央から九〇年代初めにかけて、傾向としては右肩上がりで増加した。一九七〇年代後半では「その他の歳入」が大きな比率を占めていたが、それは地方交付税交付金を主としたものである。七〇年代終わりから八〇年代半ばにかけて電源三法交付金の占める比率が急速に高まり、逆に「その他の歳入」が後退した。八〇年代後半に入ると原発が稼働し、これに課税される固定資産税が急速な増加を見せ、その比率は歳入の六割を超えるまでになった。その後、固定資産税は原発の大規模償却制度によって減少したことから、一九九〇年代には比率が次第に減少してきた。原発の場合、雇用が大きく発生するのは、主に建設労働と定期点検労働であり、建設時には法人町民税が比率として幅を広げたことがわかる。

エネルギーにかかわる政策経費は、二〇一一年の場合、二兆九七四億円であった。そのうち六八%にあたる一兆四二四二億円は石油備蓄経費であった。これにエネルギー政策と地域経済が直接結びつく立地経費が七・二%、一五〇三億円で続いている。立地経費を電源別でみると、原子力が八五・〇%の一二七八億円と最も多く、これに水力一般の六・四%、九六億円、ＬＮＧの四・一%、六一億円、石炭火力の三・五%、五二億円などが続いている［**表11-1**］。

［図11-5］福島県富岡町の歳入構造（1974〜2000年度）

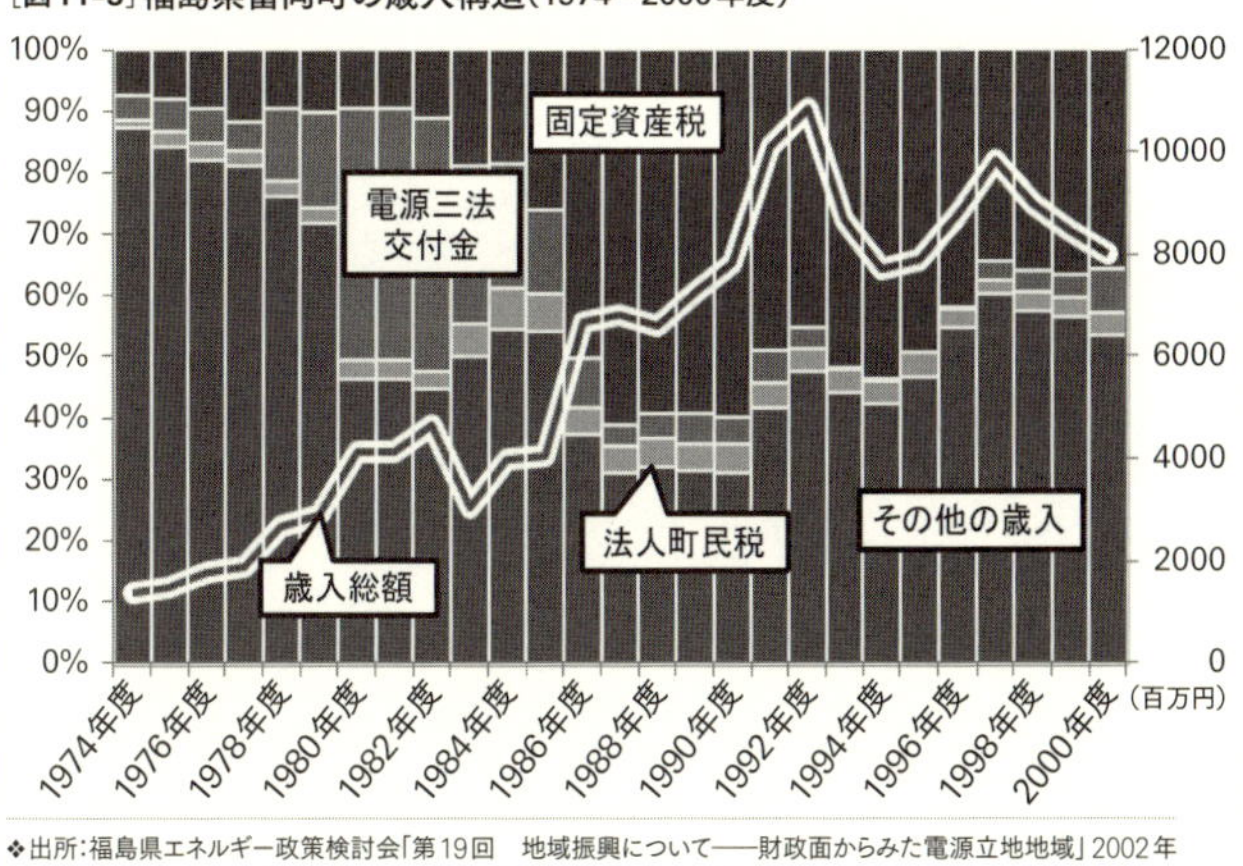

❖出所：福島県エネルギー政策検討会「第19回　地域振興について――財政面からみた電源立地地域」2002年
http://www.npu.go.jp/policy/policy09/pdf/20111206/siryo3-3.pdf

原発振興での立地経費は、すでにみたように原発立地道府県・市町村の経済・財政活動に決定的な影響をもたらしている。福島県浜通り地区の場合を見てみよう。福島県浜通り地区市町村別で二〇〇九年度の発電所関係交付金が最も多いのはいわき市の二〇・九億円であり、これに川内村一四・一億円、双葉町一二・〇億円、大熊町一一・〇億円、楢葉町一〇・四億円などが続いていた。それぞれの市町村で交付金の主要項目が違っている。南相馬市と浪江町は初期対策分、周辺地域分、電力移出県市町村分などが中心であり、金額は一～二億円程度である。双葉町は金額が一二億円であり、その八割は初期対策分である。富岡町は金額が三・七億円であり、周辺地域分と電力移出県市町村分とがほぼ半分ずつを占めている。大熊町、楢葉町、広野町は一〇～一二億円であり、その中心は長期発展対策分であり、原発及び火発が立地している。川内村は金額が一四・一億円であり、長期発展対策分が圧倒的な比率を占めているが、原発は立地していない。いわき市は最も金額が多いが、周辺地域分が大部分である。周辺地域であっても市域の人口規模が大きいと比例して交付される金額が大きくなる［**図11-6**］。

福島県浜通り地区の市町村の経済活動は電力事業に大きく依存している。市町村民総生産における電気・ガス・水道業部門の比率を、二〇〇九年度の場合でみると、新地町(新地共同火力)、南相馬市(原町共同火力)、双葉・大熊町(福島第一原発)、富岡・楢葉町(福島第二原発)、広野町(広野火力)において、かなり高い。特に双葉町

［**表11-1**］**電源別開発経費**(2011年度、億円)

立地	防災	広報（周辺地域）	広報（全国）	導入支援	資源開発	人材育成	評価・調査	発電技術開発	将来発電技術開発	小計	備蓄	CCS	総計
78	91	11	32	0	10	10	283	36	1,827	3,578	1	0	3,579
52	0	0	1	0	44	0	1	32	0	129	0	44	173
61	0	0	1	0	375	0	1	17	0	454	0	30	484
16	0	0	0	0	104	0	0	0	0	120	14,241	8	14,369
96	0	0	0	8	0	0	1	0	0	105	0	0	105
0	0	0	0	89	0	0	0	2	0	91	0	0	91
1	0	0	0	30	0	0	1	7	0	39	0	0	39
0	0	0	0	630	0	0	2	77	51	760	0	0	760
0	0	0	0	377	0	0	2	22	0	400	0	0	400
0	0	0	0	0	0	0	37	6	0	43	0	0	43
0	0	0	0	344	0	0	1	12	14	371	0	0	371
0	0	0	0	437	0	0	1	16	0	453	0	0	453
0	0	0	0	87	0	0	0	0	23	109	0	0	109
03	91	11	34	1,999	535	10	333	227	1,914	6,656	14,242	82	20,974

❖出所：国家戦略室(2011)「第6回　コスト等検証委員会資料4（1）-1「政策経費の取り扱い」」2011年
http://www.npu.go.jp/policy/policy09/pdf/20111125/siryo4_1-1.pdf

から広野町にかけては一人当たり分配所得がかなり高い［図11-7］。

電源三法交付金は財政規模の小さな双葉地区の町村財政に決定的な影響を与えている。二〇〇九年度の場合、川内村の歳入総額は二八億円であり、その五割に匹敵する金額を交付金として受け入れている。また広野町では四分の一、楢葉町・双葉町では二割近くを、大熊町では一割以上の割合に達している。二〇〇八年度の市町村の財政力指数をみると、広野町、楢葉町、大熊町で一・〇を超えている［表11-2］。

［図11-6］福島県浜通り地区電源立地対策経費

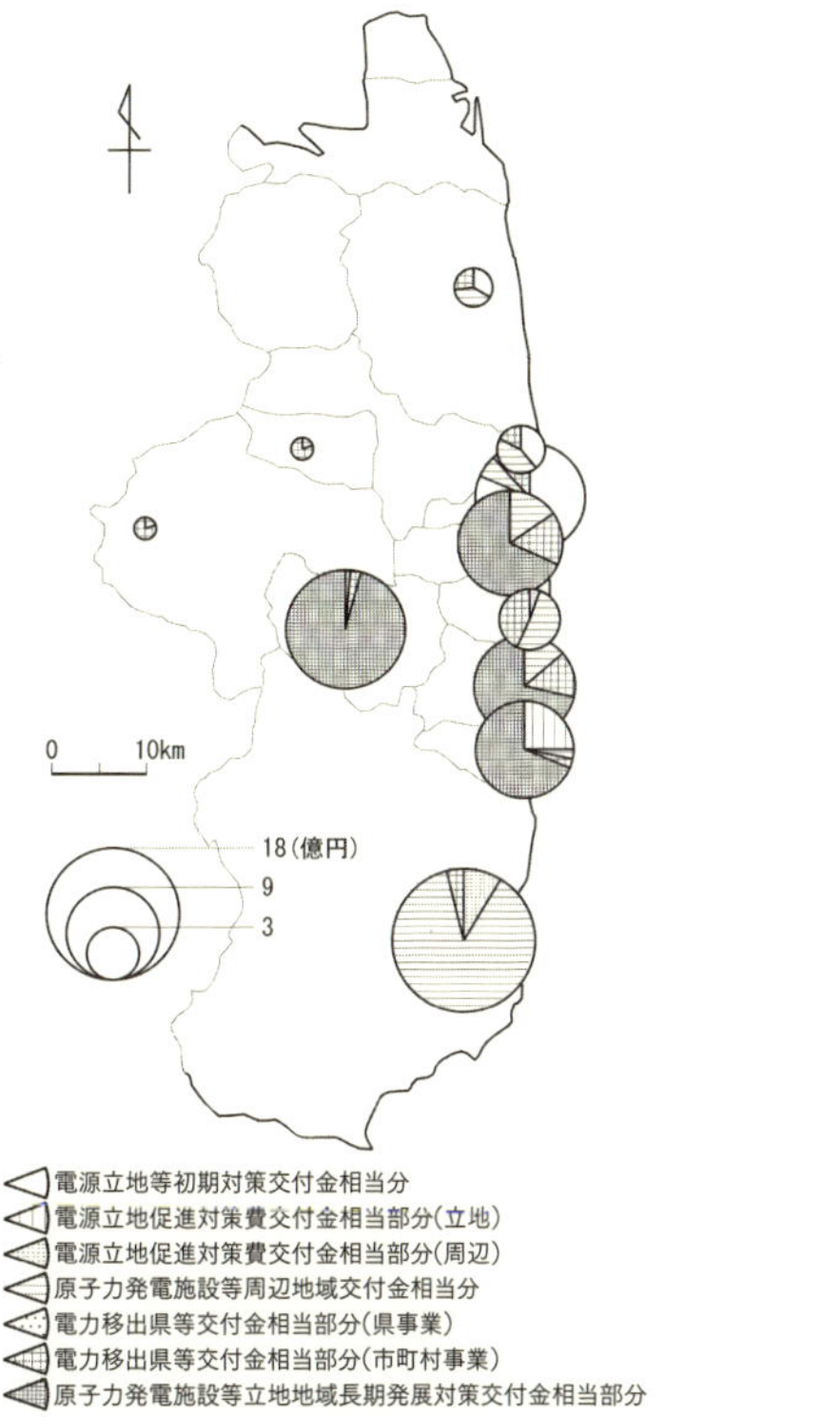

❖出所：福島県『福島県における電源立地地域対策交付金等に関する資料』2010年
http://wwwcms.pref.fukushima.jp/download/1/h24kouhukinshiryou.pdf

［図11-7］福島県市町村別の産業構造と分配所得水準（2009年度）

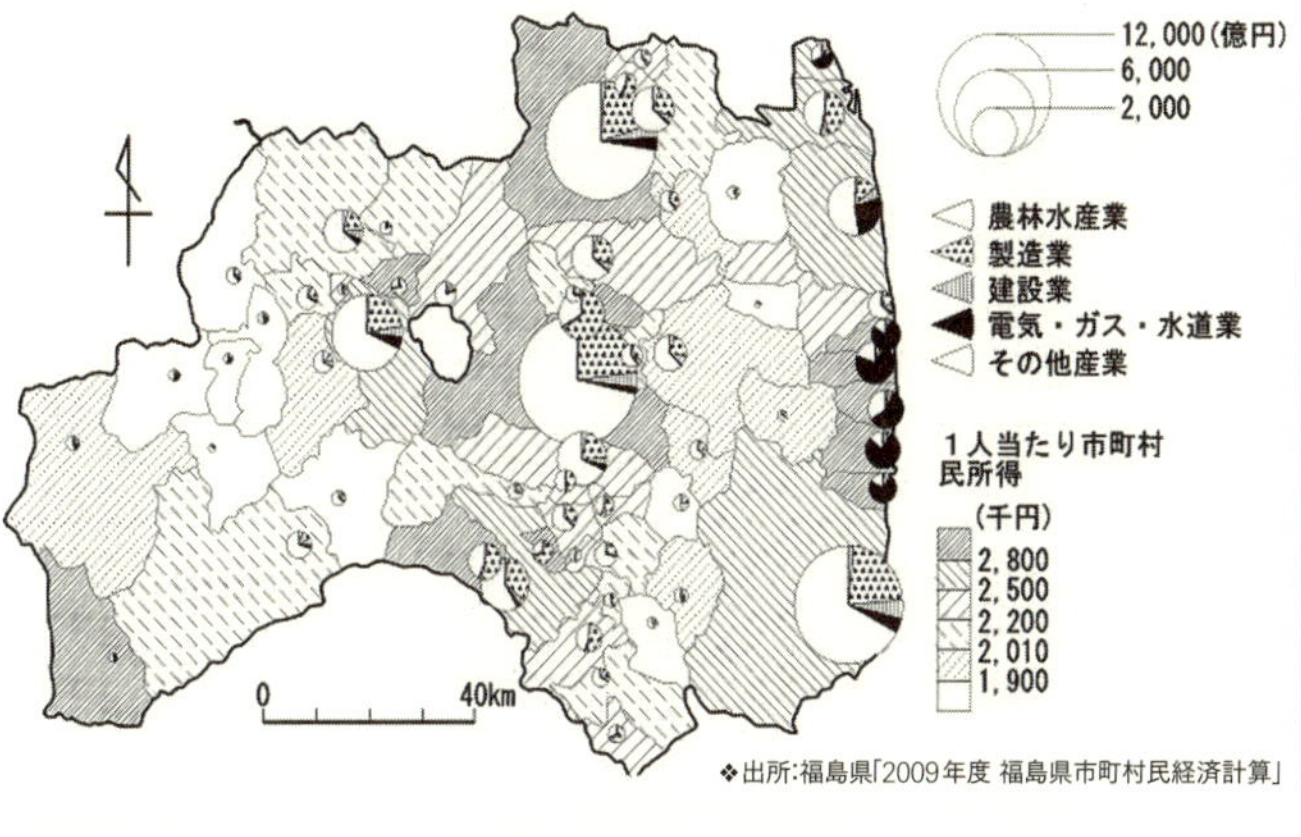

❖出所：福島県「2009年度 福島県市町村民経済計算」

原子力
石炭火力
LNG火力
石油火力
一般水力
小水力
地熱
太陽光
風力(陸上)
風力(洋上)
バイオマス
コージェネレーショ
燃料電池
合計

電源三法交付金や原発立地に伴って発生する発電所関連の税収や雇用の大きさは、当然、原発立地の是非に関わる首長の考え方に映し出される。市町村民経済計算における電気・ガス・水道部門が占める総生産の比率と原発の是非に対する意見を突き合わせると、電気・ガス・水道部門の占める比率が高い自治体ほど、原発廃炉に対する姿勢は消極的である。電気・ガス・水道部門の比率は、奥会津の只見川流域でも比較的高くなる。これは水力発電所が立地していることに起因する。原発政策に対して批判的なのは、電気・ガス・水道部門の比率が低い自治体であり、特に東京電力の株式を保有する白河市と南相馬市は、東京電力の株主総会での「脱原発」提案に賛成している。

3 原発の破綻と放射能汚染

福島第一原発の原子炉溶融と水素爆発による放射性物質の外部流出は、福島県を中心に広い範囲に放射能汚染をもたらした。福島第一原発一～三号機から放出された放射性物質の総量について、経済産業省原子力安全・保安院は四八万テラベクレルと推計している。これらの放射性物質は大気中に放出され、当日の気象や地形の影響を受け、第一原発から浪江町・飯舘村等の北西方向には、一平方メートル当たり六〇万ベクレル以上という高い濃度の放射性セシウムが降り注いだ。福島県中通りから栃

[表11-2]福島県浜通り地区市町村別の電源三法交付金と財政状況

	2009年度 発電所関係 交付金(A) 単位=億円	2008年度 歳入総額(B) 単位=億円	発電所関係 交付金 依存度(A/B) 単位=%	2008年度 財政力 指数
いわき市	20.9	1,234.4	1.7	0.71
相馬市	0.0	147.7	0.0	0.55
田村市	0.5	210.2	0.3	0.35
南相馬市	1.5	334.5	0.4	0.67
広野市	9.7	36.7	26.3	1.39
楢葉町	10.4	52.3	19.9	1.20
富岡町	3.7	70.6	5.2	0.93
川内村	14.1	28.3	49.6	0.29
大熊町	11.0	83.2	13.3	1.63
双葉町	12.0	62.8	19.1	0.77
浪江町	2.3	78.3	2.9	0.47
葛尾村	0.5	18.5	2.6	0.15
新地町	0.0	41.9	0.0	0.92
舘村	0.1	43.2	0.1	0.24

❖出所:福島県『福島県における電源立地地域対策交付金等に関する資料』2010年など
http://wwwcms.pref.fukushima.jp/download/1/h24kouhukinshiryou.pdf

木県や群馬県の山間部にも一平方メートル当たり六万～六〇万ベクレルという比較的高い濃度の放射性セシウムが広がった。また茨城県の霞ケ浦から千葉県柏市付近では別ルートで比較的高い濃度の放射能汚染が広がった。福島県では事故後四ヵ月間に降った積算値は一平方メートル当たり六三八万ベクレルに達した。そのうち九四％が三月に集中していた。

放射能汚染の影響の第一は健康被害を恐れた福島県民の人口流出である。二〇一二年一月二三日現在で、福島県民の避難者総数は一五万九二〇〇人であり、うち六万二三〇〇人は県外避難者で、県内避難者は九万六九〇〇人であった。県外避難者が最も多いのは山形県の一万三〇〇〇人であり、これに東京都七四〇〇人や新潟県六七〇〇人、埼玉県四六〇〇人などが続いた。

現住人口調査によれば、二〇一一年一月から二〇一二年一月にかけて福島県の人口は四万四一〇〇人減少した。二〇一〇年一月から二〇一一年一月にかけては一万三三〇〇人の減少であったことからみて、東日本大震災と原発事故に伴う人口減少がいかに大きなものであったかがわかる。この人口動態を自然動態と社会動態とに分解してみると、自然動態は六六〇〇人減から一万一〇〇〇人減へと二倍近く減少した。社会動態は六六〇〇人減から三万三六〇〇人減へと約五倍増の減少をもたらした。自然減は津波による被害だけでなく、避難所や仮設住宅での高齢者の死亡といった二次災害が大きく影響した。社会減は放射線被曝からの逃避が大きく影響しており、子どもとそれを抱える子育て世代の減少に起因した。年齢階層別で震災要因を対前年増減差分として算出すると、最も大きいのは〇～四歳で五・五％減、これに二五～二九歳の二・八％減が続いた。また県外への幼児・児童・生徒の転校数を、二〇一一年九月一日現在でみると、全体で一万一九〇〇人であり、その内訳をみると、幼稚園

児二〇〇〇人、小学生六六〇〇人、中学生二〇〇〇人、高校生一二〇〇人、特別支援学校生徒一〇〇人であった。

第二の影響は農産物の出荷制限や作付制限に見られる。福島県内の農畜産物の多くは原発事故の影響で出荷制限をうけた。二〇一二年三月時点では警戒区域や計画的避難区域を除けば、ほとんど解除されたが、コメの一部やキノコ類(原木、野生)などがなお出荷制限となっていた。また四月二日にいわき市内産の出荷前のタケノコから、一キログラム当たり五九三ベクレルの放射性セシウムが検出され、市は出荷自粛を求めた。(3)

米作地の土壌については二〇一一年一一月に福島市大波地区(旧小国村)で放射性セシウムが暫定基準値(土壌一キログラム当たり五〇〇〇ベクレル、三月末まで)を超えた。福島県の調査によれば、警戒区域や計画的避難準備区域等を抱える市町村を除くと、一キログラム当たり五〇〇〇ベクレル超の放射性物質による汚染土壌が分布するのは、三市のうちの九旧市町村(福島市の旧福島市・旧小国町、伊達市の旧富成村・旧柱沢村・旧堰本村・旧掛田町・旧月舘町・旧小国町、二本松市の旧渋川村)であり、福島県全体の〇・二%に及んだ。新基準値(四月以降)の一〇〇〇ベクレル超から五〇〇〇ベクレル以下が分布したのは、一二市町村のうちの五六旧市町村であり、福島県全体の二・三%を占めた。そして一キログラム当たり一〇〇〇ベクレル以下が分布したのは、二六市町村のうちの八六旧市町村であり、福島県全体の九七・五%であった。(4)

この調査結果を受け、農林水産省は二〇一二年度産米の作付を、新基準値一〇〇〇ベクレル超の汚染地域で制限した。一〇〇〇ベクレル超から暫定基準値五〇〇〇ベクレル以下の汚染地域では、当該市町村が、①コメ収穫後の全袋調査の実施、②作付前の除染、③作付する水田の管理体制の構築、などを実施することを条件に容認した。もちろん五〇〇ベクレル超の汚染地域については水稲の作付は制限された。しかし、旧町村単位での作付制限は妥当なのであろうか。求めるべきは、例えば一〇〇メートルメッシュなどによる詳細な土壌汚染地図の作成であり、これに基づくきめ細かな作目別作付制限である。放射性セシウムの農作物への移行は、地形、水環境、土壌組成、農作物による違いがあることが、担当省庁ごとの縦割り調査ではわかっている。しかし農作物に実際にどの程度移行するのかは田畑の一筆ごとによって異なる。作付制限地域に実験圃場等を設置し、省庁横断的かつ総合的な調査研究が必要であろう。農地に限らず、原野・林地に関する放射能汚染をどのように除染していくのかについてはほとんど手つかずである。こうした放射能汚染が農地や生活圏にどのような影響をもたらすのか、まだ十分にはわかっていない。

福島県内陸部に降り注いだ放射性セシウムは、福島県の中通り地区を南北に流れる阿武隈川から海に流れ出し、一日当たり約五〇〇億ベクレルにのぼった。(5) また環境省の調査結果(三月三〇日)によれば、最も高い放射性セシウムは、南相馬市を流れる新田川の木戸内橋地点で、川底の土壌一キログラム当たり二万六〇〇〇ベクレル、南相馬市を流れる太田川の石渡戸橋地点では一万九一〇〇ベクレルが検出された。真野川や新田川、真野ダムなどで行った水質調査では放射性ヨウ素、放射性セシウムはともに検出限界値未満だった。(6)

福島県の三月一四日の検査結果(7)によれば、桑折町の産ケ沢川(阿武隈川水系)のヤマメから七六〇ベクレル、伊達市の大石川(同)のヤマメから一一三〇ベクレルの放射性セシウムが、また三月二八日の調査結果によれば、飯舘村の新田川のヤマメから一万八七〇〇ベクレルの放射性セシウムが検出された。(8)

内水面は三月末まで禁漁となっており、阿武隈川水系では二〇一一年六月からヤマメ、イワナが採捕制限となった。県は餌で放射性セシウムが濃縮されたとみている。

海洋汚染は基本的に福島第一原発から海へ直接放出された汚染水に影響を受けている。その総量は放射性ヨウ素と放射性セシウムをあわせて一京八〇〇〇兆ベクレルと試算された。これらは海流に乗って北太平洋に拡散し、薄まりつつ二〇一四年三月には、日本から約五三〇〇キロメートル離れたハワイ諸島近くに到達すると推定された。[9] また一ヵ月後にはカムチャツカ沖の深海五〇〇〇メートルまで到達した。[10] 阿武隈山地から河川で太平洋に流れ込んだ放射性物質は、沿岸流に乗って福島県沖から茨城県や千葉県沖に達した。また群馬県・栃木県山間部などに降り注いだ放射性セシウムは荒川などを経由して東京湾に流れ込み、海底にホットスポットを形成した。[11]

福島県水産課のモニタリング調査[12]によれば、カタクチイワシの放射性セシウム量は、原発破綻後の五〇日目頃には一キログラム当たり八〇〇ベクレルを超えていたが、一〇〇日目頃には二〇〇ベクレル前後に、一五〇日目頃以降では一〇〇ベクレルを大きく下回った。これはシラスの生育場所は河川水の影響を受ける河口周辺が多く、河川等からの放射性セシウム量が減少したためと推定される。太平洋沿岸の岩礁で管理栽培されているアワビや砂地で管理栽培されるホッキ貝も、カタクチイワシほどではないものの、放射性セシウム量は減少した。沖合海底で管理栽培されているヒラメの場合は、〇～一〇〇〇ベクレルの幅で検出されており、減少傾向にあるとはいえない。海域別では第一原発から南に二〇～四〇キロメートル離れた沿岸では放射性セシウムが平均で五〇〇ベクレルであり、他の海域に比べて高い水準にある。

4 世論の動向とエネルギー政策の転換

国の『世論調査』において原子力発電の推進を肯定する回答は、五六・八％(一九八七年八月：増やしていく方がよい)→四八・六％(一九九〇年九月：増やしていく方がよい)→四二・七％(一九九九年二月：増設する)→五五・一％(二〇〇五年一二月：推進していく)→五九・六％(二〇〇九年一二月：推進していく)と推移し、一九九〇年代に低下した推進肯定の比率は二〇〇〇年代には上昇した。原子力発電への「感じ方」については、「不安である」という回答比率は、六八・三％(一九九九年二月)→六五・九％(二〇〇五年一二月)→五三・九％(二〇〇九年一二月)であり、次第に低下していた。「安心である」比率は二五・四％→二四・八％→四一・八％と、二〇〇〇年代後半においては高まった(13)。

こうした世論は二〇一一年三月一一日を境に原発反対へと大きく変わった。朝日新聞社が四月一六～一七日に実施した世論調査によれば、原子力発電の「利用」については賛成が五〇％で、反対は三二％であった。また反対のうちでも、原子力発電の「今後」については二〇％が「現状程度にとどめる」と答えていた。男女別では、男性で賛成六二％、反対二七％だったのに対し、女性では三八％対三七％とほぼ並んでいた。そして「原子力発電は今後どうしたらよいか」という質問に対しては、「増やす方がよい」五％、「現状程度にとどめる」五一％、「減らす方がよい」三〇％、「やめるべきだ」一一％へと変化した。福島第一原発の事故に対しては八九％が「不安を感じている」と答え、他の原発で大きな事故が起きる不安については、「大いに感じる」が五〇％、「ある程度感じる」が三八％であった(14)。

同社が二〇一一年六月一一～一二日に実施した全国世論調査(電話)では、「原子力発電を段階的に減らして将来はやめる」ことには七四％が賛成し、反対は一四％だった。また原子力発電の利用に賛成という人（全体の三七％）でも、そのうち六割あまりが「段階的に減らして将来はやめる」ことに賛成と答えた。定期検査で運転停止している原発に関しては、「国が求める安全対策が達成されれば」という条件を掲げて再開の賛否を聞くと、再開に賛成が五一％、反対は三五％だった。さらに原発のある一三道県では、再開反対の比率が全体よりやや多かった。[15]

また同社が二〇一二年三月一〇～一一日に実施した全国世論調査によると、「定期検査で停止中の原発の運転を再開する」ことには五七％が反対し、賛成の二七％を大きく上回った。男女の違いが目立ち、男性は賛成四一％、反対四七％とそれほど賛否の差がないのに対し、女性は賛成一五％、反対六七％で差が大きかった。この時点で稼働中の原発は全国で二基であったが、原発の停止による経済への影響を「心配している」人は、「大いに」と「ある程度」を合わせて七五％に達した。こうした人たちでも運転再開に賛成は三一％にとどまり、反対五四％の方が上回っている。それは政府の原発に対する安全対策を「あまり信頼していない」五二％、「まったく信頼していない」二八％であり、安全面での不信感は強いのである。

二〇一一年一〇月開催の第三回エネルギー・環境会議において「革新的エネルギー・環境戦略策定に向けた中間的な整理」が出された。それによれば、一九七〇年代から八〇年代にかけてのエネルギー戦略は

❖出所：国家戦略会議「第3回エネルギー・環境会議　参考資料」2011年

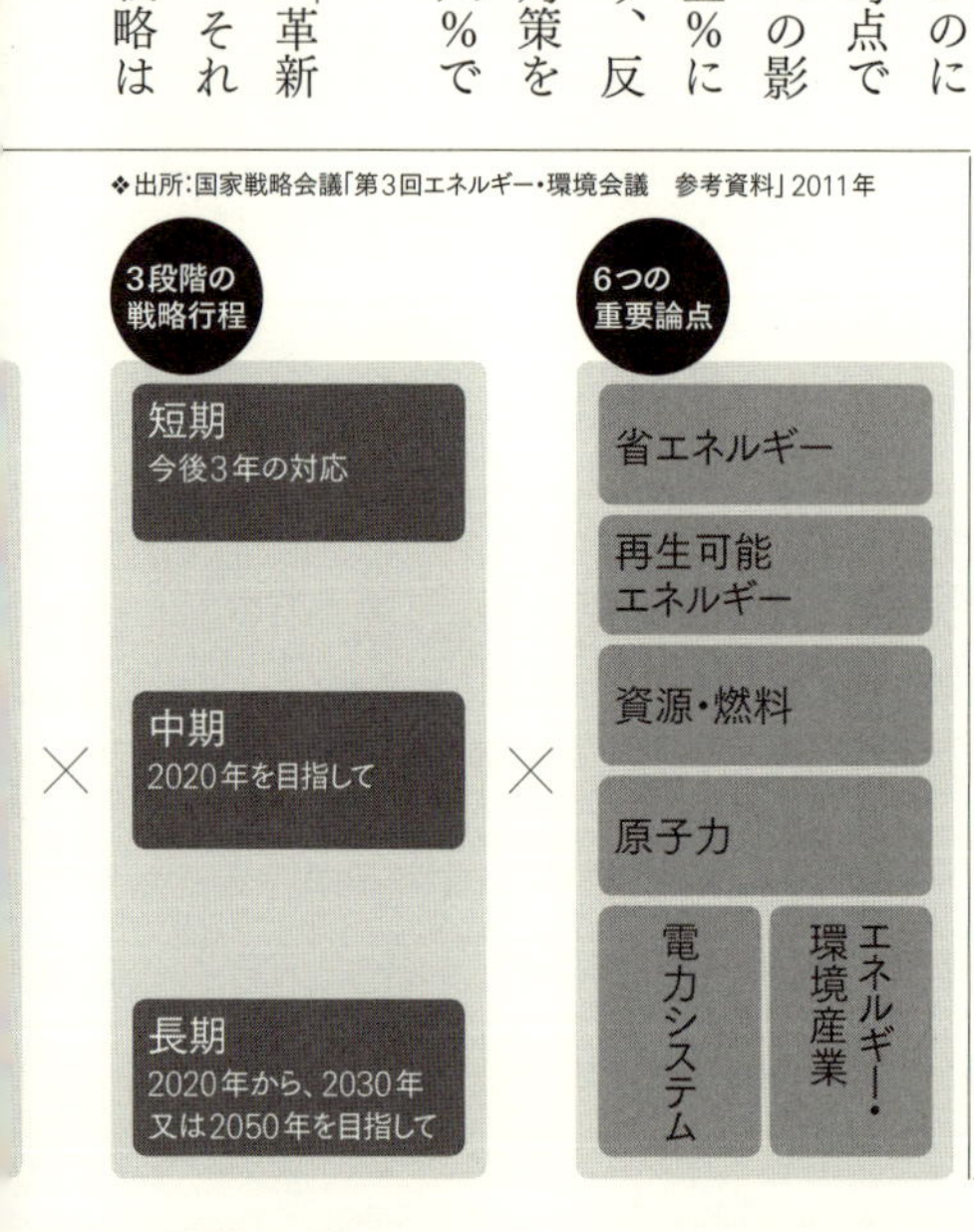

「経済効率性の追求」と「エネルギーセキュリティの確保」の二本柱から構成され、「電源の多様化」というスローガンのもと、輸入資源の安定的な確保と資源の対外依存度の低減として進められてきた。それは原発の新規立地の増大によって原子力の比率を高め、また石油代替としての天然ガスへの依存度を高めた。一九九〇年代には反対運動により原発の新規立地が行き詰り、エネルギー戦略には地球温暖化問題への対応として「環境への適合」という考え方が付け加えられた。原発は二酸化炭素を放出しないという論理であった。エネルギー基本計画によれば、天然ガス・石油・石炭などの化石燃料への依存度は二〇〇七年の六六%から二〇三〇年には二六%へと低下させ、原子力と再生可能エネルギーへの依存度をそれぞれ九%から二一%、二六%から五三%にまで拡大させることとしていた［図11-8］。

　東日本大震災後のエネルギー・環境戦略には「経済効率性の追求」、「エネルギーセキュリティの確保」、「環境への適合」の三本柱に、新たに「安全・安心」が柱立てとして加わった。しかしこの「安全・安心」は「経済効率性の追求」「エネルギーセキュリティの確保」「環境への適合」という戦略のもとで進められてきた原発推進とどのような関係でとらえるべきであろうか。特に「経済効率性の追求」は原発コストを「安価」に抑えるという政策を進め、原子力事故を誘発することに

［図11-8］日本のエネルギー政策の考え方の変遷

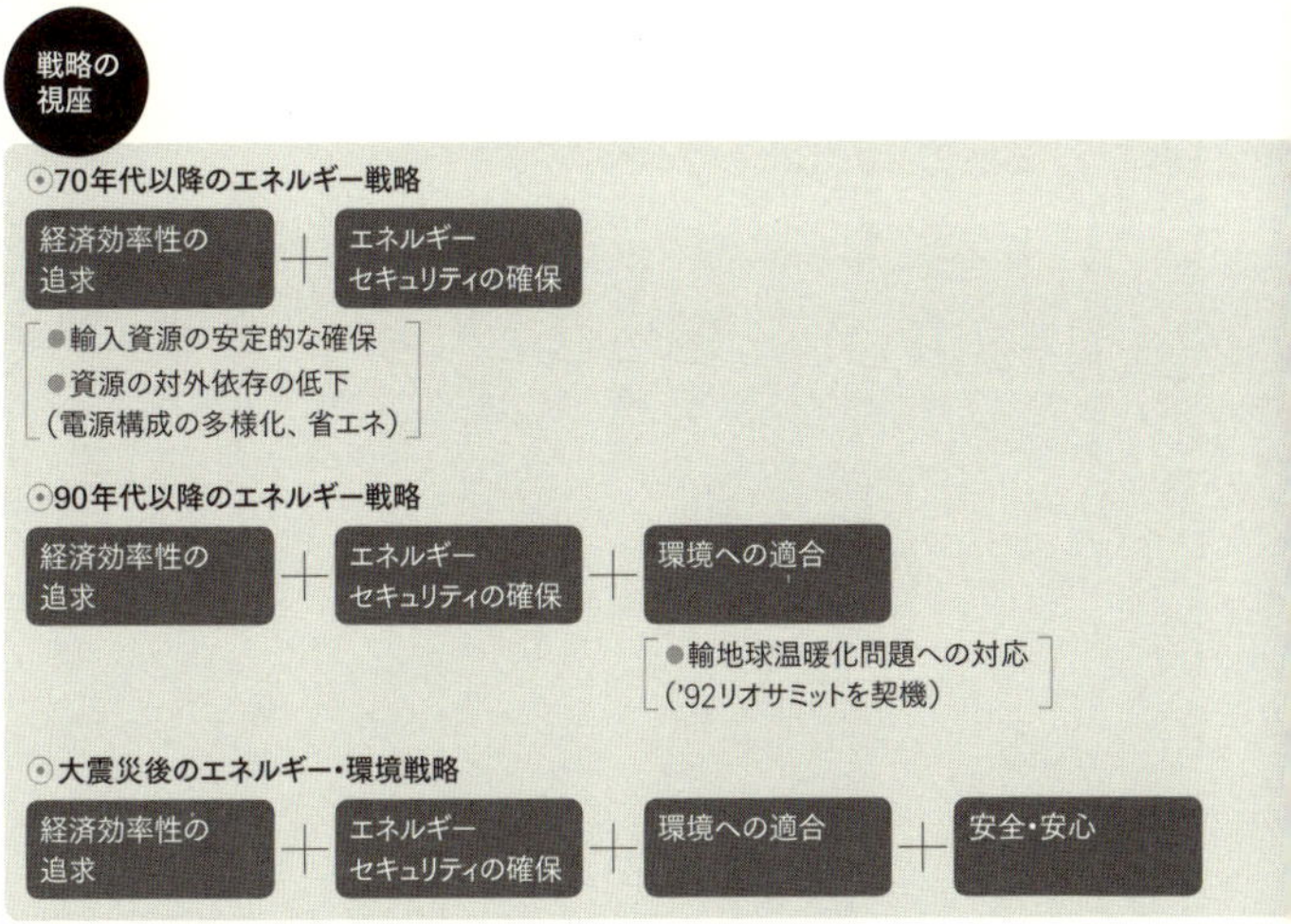

なったからである。

東京電力福島第一原子力発電所の破綻によって、それまで計上しなくてもよかった原発事故の収束コストや原子力賠償コストだけでなく、核燃料サイクルコストや電源三法交付金などのエネルギー対策特別会計にかかわる政策的コストなども原子力の原価計算に算入されることになり、原発コストは安価ではなくなった。二〇一一年一二月に出されたエネルギー・環境会議のコスト等検証委員会報告書によれば、一キロワット／時での発電原価は、原子力(核燃料サイクル現状モデル、設備利用率七〇%、稼働年数四〇年)で五・九円(二〇〇四年)から八・九円以上(二〇一〇年及び二〇三〇年)になり、石炭火力(新政策モデル、八〇%、四〇年)は九・五円から一〇・三円に、天然ガス(新政策モデル、八〇%、四〇年)は一〇・七円から一〇・九円に、石油火力(新政策モデル、五〇%、四〇年)は二二・一円から二五・一円へと上昇すると計算された。原子力及び化石燃料の場合は、いずれも発電コストが上昇するのである[16]。

これに対して再生可能エネルギーの発電コストはいずれも低下すると計算された。陸上風力(横ばい～低減、二〇%、二〇年)では九・九～一七・三円から八・八～一七・三円に、洋上風力(横ばい～低減、三〇%、二〇年)では九・四～二三・一円から八・六～二三・一円に、それぞれ若干低下する。メガソーラー太陽光(パラダイムシフト、一二%、二〇年)では三〇・一～四五・八円から一二・一～二六・四円に、住宅太陽光(パラダイムシフト、一二%、二〇年)では三三・四～三八・三円から九・九～二〇・〇円に、それぞれ大幅に低下する。燃料電池(新政策シナリオ、四六%、一〇年)では一〇一・九円から一一・五円へと劇的に低下するとされた[17]。

では原子力から再生可能エネルギーにどのように移行していけばよいのであろうか。日本学術会議東日本大震災対策委員会エネルギー政策の選択肢分科会は、以下のような六つのシナリオを提示した[**図11-9**]。

◉**シナリオA**…速やかに原子力発電を停止し、当面は火力で代替しつつ、順次再生可能エネルギーによる発電に移行する。

◉**シナリオB**…五年程度かけて、電力の三〇%を再生可能エネルギー及び省エネルギーで賄い、原子力発電を代替する。この間、原子力発電のより高い安全性を追求する。

◉**シナリオC**…二〇年程度かけて、電力の三〇%を再生可能エネルギーで賄い、原子力発電を代替する。この間、原子力発電のより高い安全性を追求する。

◉**シナリオD**…今後三〇年の間に寿命に達した原子炉より順次停止する。その間に電力の三〇%を再生可能エネルギーで賄い、原子力により電力を代替。この間、原子力発電のより高い安全性を追求。

◉**シナリオE**…より高い安全性を追求しつつ、寿命に達した原子炉は設備更新し、現状の原子力による発電の規模を維持し、同時に再生可能エネルギーの導入拡大を図る。

◉**シナリオF**…より高い安全性を追求しつつ、原子力発電を将来における中心的な低炭素エネルギーに位置付ける。

国内には五四基の原発があるが、二〇一二年五月上旬には北海道電

[図11-9]日本学術会議が提起した六つのシナリオ

❖出所:日本学術会議東日本大震災対策委員会エネルギー政策の選択肢分科会

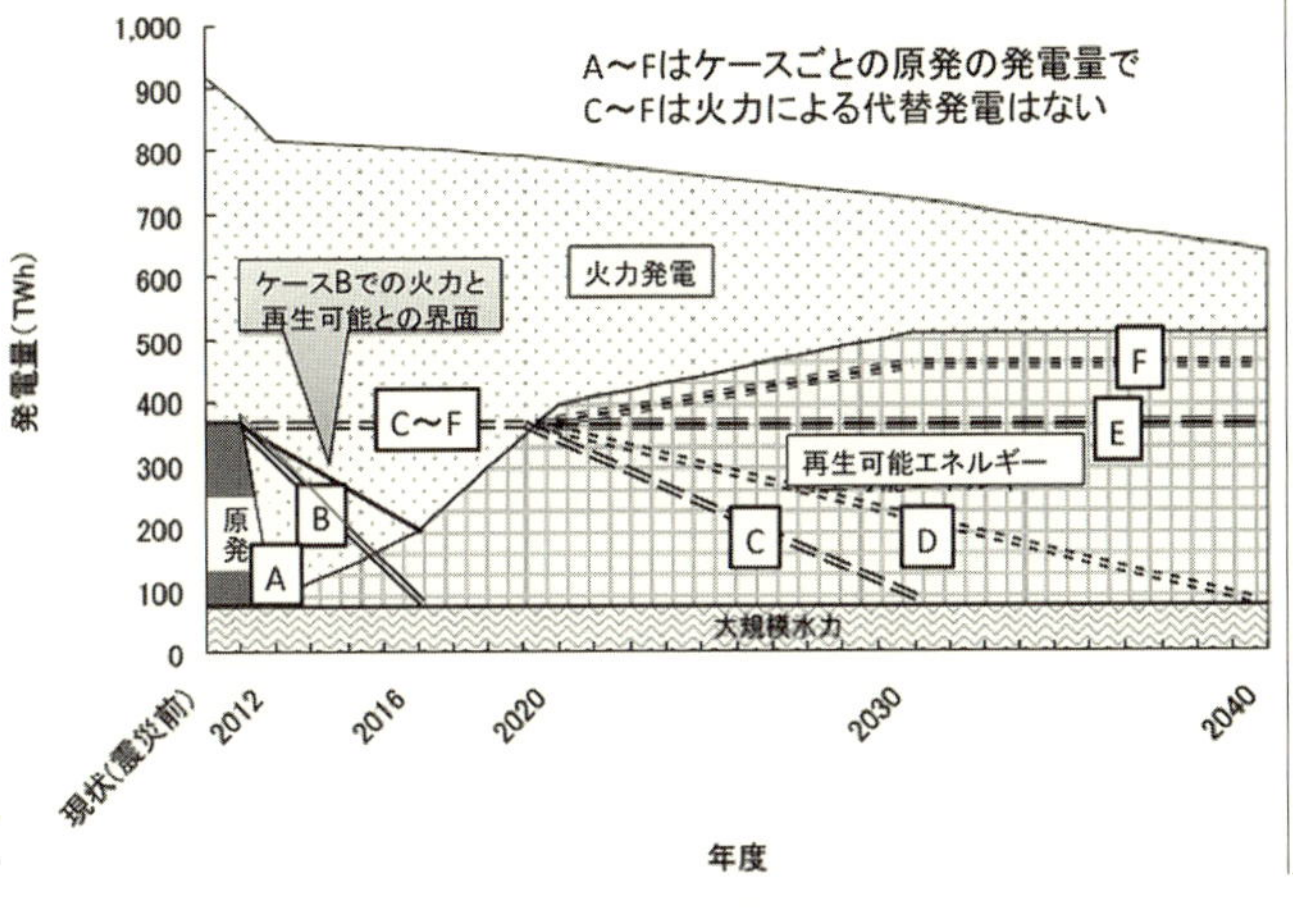

力の泊原発三号機が止まる予定で、再稼働する原発がなければ、すべてが止まることになり、**シナリオA**にそって進むことになる。このシナリオは、事故による放射能汚染のリスクを回避できることに加え、各発電所内はもとより国内における放射性廃棄物の蓄積をただちに抑制でき、将来世代へ残す「負の遺産」が最も小さくて済む。日本経済研究センターの試算は、①原子力発電所を再稼働させず、現存の火力発電所について、稼働率を向上させつつ代替した場合、二〇一二年夏に一〇・七％の節電を余儀なくされる。その結果、電力不足の影響として、我が国の実質GDPは二〇一二年夏には一・二％（一一兆円）程度押し下げられる。その後火力発電所を計画的に増設しても、潜在GDPが二〇二〇年までの年平均で一・二％（七・二兆円）程度押し下げられる。②化石燃料輸入量の増加と、電力不足による生産の縮小等で貿易収支が悪化し、いずれ経常収支も赤字になる。③代替エネルギーとしての火力発電所の追加燃料費やその値上がり、再生可能エネルギー導入に関する費用等が電力料金に反映され、一般家庭では電力料金が月に一〇〇〇円程度上昇する、と予測している[18]。

経済産業省総合資源エネルギー調査会基本問題委員会は三月二七日に二〇三〇年の原発割合の選択肢案五つをとりまとめた。しかし事務局提案があまりにそれまでの議論を踏まえていないことから、八名の委員[19]から「事務局作成のエネルギーミックスの選択肢に対する意見[20]」が提出された。

すなわち事務局提案の問題点は、委員八名が主張してきた選択肢の在り方を無視し、原発を中心とした電源の割合（＝旧来のベストミックス）から四つの選択肢が作られ、原発推進に著しく偏っているところにあった。「エネルギー政策の選択肢」の具体的なイメージについは、①経済モデル中心の「定量的なエネルギーミックス」を選択肢と同一視しないこと、②エネルギー需給の観点から見た新たな社会像を実現する政策の基本方針を軸とする「定性的・戦略的なエネルギー政策」こそが今後の議論の中心に据えられるべきことを主張し、三つの選択肢からなる対案を示した。

対案の論点は、五つの「基本的な価値選択」として取りまとめられた。その五つとは、①供給者主導かあるいは消費者選択か、②経済計画的かあるいは市場メカニズム活用か、③経済産業優先かあるいは市民の安全安心か、④大規模集中型かあるいは地域分散型か、⑤短期的経済合理性かあるいは長期的持続可能性か、である。

選択肢㈠の方向性は「既存路線の継続重視、移行コスト小」であり、その基本的な価値選択は、①供給者主導、②計画経済的、③経済産業優先、④大規模集中型、⑤短期的経済合理性、である。この選択肢㈠が目指す二〇三〇年のエネルギーミックスは、原子力二〇～三〇％、再生可能エネルギー二〇％、化石燃料等五〇～六〇％であり、制度措置としては原子力の国策的推進である。選択肢㈡の方向性は「社会の在り方や政策の構造改革」であり、その基本的な価値選択は、①消費者選択、②市場メカニズム活用、③市民の安全安心優先、④地域分散型、⑤長期的持続可能性、である。エネルギーミックスとしては原子力〇％、再生可能エネルギー三〇％、化石燃料等七〇％であり、政策選択としては「脱原発の政治決定」となる。なお化石燃料は二酸化炭素との関係で環境税や排出量取引などによって対応する必要がある。選択肢㈢の大きな方向性は「市場重視への転換」であり、基本的な価値選択は消費者選択として市場に任せることになり、原子力の政策選択としては「外部費用の内部化」で対応するものである。

5　脱原発と地域経済の展望

原発及び火発関連の経済効果は、特に小さな町村では決定的に大きい。したがって原発立地町村での脱原発は簡単ではない。脱原発は単に再生可能エネルギーへの転換だけで達成されるものではない。南相馬市における取り組みを見ておこう。南相馬市の「再生可能エネルギー導入マスタープラン構築事業」では、六つのテーマについて可能性調査を行っている。すなわち木質バイオマス発電所の可燃性瓦礫処理の技術開発の可能性、再生可能エネルギー導入の可能性、構造改革特区・復興特区・規制緩和などを活用する事業化の可能性、中心街区におけるコミュニティ住宅計画とスマート化、原町火力発電所を電力系統の安定化施設とするための可能性、放射性物資の除染に関するモニタリング調査の実施計画策定、の六つである。

木質バイオマス発電及び再生可能エネルギーの導入にあたって経営上の大きな問題は、電力の固定価格買取制度にある。現在(二〇一二年)想定されているのは買取期間が一五年で、太陽光発電を除き、一五〜二〇円キロワット／時となっており、採算性を考慮すると、それぞれの上限以上の買取価格にならないと事業が成り立たない。

東日本大震災と東京電力福島第一原発の破綻は、地域づくりのあり方に根本的な転換をもたらしている。これまでの地域問題は経済のグローバリゼーションによる国内産業の空洞化といった経済的要因にかかわる雇用問題に重心があった。原発を推進するための電源三法交付金制度は、電力の消費地の便益を包括的原価という仕組みで電源地域に一部還元するという所得再配分機能としての役割を果たしていた。しかしこの所得再配分は「原発安全神話」にもとづく虚構であったことが、原発破綻で白日のもとにさらされた。

安全神話の破綻は、原発の廃炉や賠償を含めた経済・社会コストの再計算を促した。最終処分費用や再処理費用を視野に入れたコストの計算など経済問題に限らず、長期的な低線量被曝への健康上の危惧、帰還困難区域設定などのコスト計算にはそぐわない絶対的な損失など、これまで隠されてきた経済的および倫理的費用を経費として計算しなければならないことを明確にした。他方において電力供給不足は日本経済を直撃するという主張が、三・一一の一周年を迎えるころから次第に強まった。しかしそれが根拠ある主張なのかと言えば、二〇一一年夏の電力供給不足と節電のキャンペーンとが空振りに終わったことからもわかるように、客観的あるいは科学的なデータを提供しない意図的なものであった。

産業振興におけるわれわれの主張は、原発に依存しない社会の構築であり、原発の延命ではない。放射能物質の外部放出のすべての要因を地震と津波に求めようとする動きがあるが、過去の大なり小なりの原発事故を顧みるに、「原発安全神話」によって封印されてきた内的外的要因によることはあきらかである。今更、安全神話にのることはできない。しかし電源三法交付金はなお原発立地道県や市町村など地域の財政運営に決定的な影響力をもっている。原発の立地推進とその稼働は、交付金制度を通じて地方自治体の長期的な地域振興という名目のもと、財政運営に決定的な影響力をもたらしている。福島第一・第二原発による「一万人雇用」は県及び市町村の首長による脱原発の明言を躊躇させる原因となっていた。また日本学術会議の**シナリオA**からもわかるように、全原発の再稼働がない場合、前提条件が変わらなければ、電力料金の値上げという消費者負担に転嫁される可能性が高い。しかし脱原子力の政策選択であれば、国民がこの負担を受け入れる可能性は高い。

脱原発という明確な政策的なメッセージがあれば、かつてマスキー法に上乗せした排ガス規制によってかえって日本の自動車産業が発展したように、産業のグリーン化は発展していくことになろう。すでに地球温暖化対策に向け、再生可能エネルギーによる発電や送電、さらには消費電力節約に向けた技術開発が、スマートメーターと総称されるように進んできている。遅れているのは発送電の一元的な地域独占を容認してきた電力政策を、送電網の公的管理と多様な形態の電力会社の参入を容認することへの転換である。国土政策としての課題は、エネルギーの生産・消費における規模の経済を基盤とする広域的集中型から連携の経済を基盤とする分散的な地産地消型へ転換することである。東日本大震災と東京電力福島第一原発破綻とが地域経済政策のあり方に投げかけている課題は、エネルギーの地産地消への転換である。再生可能エネルギーへの転換は地域における自然と人間諸活動との循環性を強化するものであり、それは水や食料などの地産地消化を促進する原動力ともなる。

福島県における放射能汚染地域の農業問題はきわめて深刻である。例えば南相馬市の山間部では放射性セシウムによって酪農が崩壊しているが、これをどのように再生していくべきであろうか。ドイツのフライアムト村の経験を踏まえれば、乳牛に食べさせてきた牧草は、乳牛から排泄される糞尿をまぜて発酵させることでコージェネレーション(熱電併給)向けのバイオマスエネルギーの原料として活用できる。酪農家は放射能を含む可能性のある牛乳のかわりに、放射能を一切含みえない電力を出荷することで、「農家」としての経営を持続できる可能性がある。併せて発生する温水は中山間地域における農家や公共的施設の暖房用としても使え、温水プールなどレクリエーションにも活用できる。また発酵済みのバイオマスは、マイルドな有機質肥料として牧草地に有効的に還元することができ、放射性物質が地域外に出ていくことはない。太陽光エネルギーや風力発電などとの組み合わせによって、気象条件によるエネルギー生産の時間的変動性を緩和できる。なによりも中山間地域には広い土地がある。自然環境にかなった生産活動への転換こそが中山間地域の振興の要となろう。

それでは小さな町はどうすればよいのだろか。例えばドイツのフライブルグ・バウバン地区は、太陽光エネルギーとともに太陽光熱を積極的に活用する生活様式への転換を進め、「エネルギー消費を半減するまち」として知られている。[21] ここでは太陽光エネルギーを電力と熱のコージェネレーションによって効率的に活用するとともに、緑を多く配置し低エネルギーで環境負荷が少なく持続可能な建築設計にもとづくまちづくりをしている。この町は脱自動車をメインテーマとしている。南相馬市における工場跡地を活用した公営復興住宅団地をスマートシティとして構築するにあたっては参考にすべき事例であろう。そのためには脱自動車・公共交通優先を基調とする交通計画、エネルギー節約と再生可能エネルギーの活用を優先する省エネルギーの建物計画、子どもが緑に触れ合うことを優先する緑化計画、最寄りの商工業の設置を義務化する雇用計画など、地産地消を基軸にするまちづくりが選択されなければならない。これを実現するためには、合意形成には時間はかかるけれども、市民・企業・行政による地道な共同・協同・協働の作業を欠かすことはできない。福島県復興ビジョンが「原子力に依存しない持続可能な社会」を選択したように、[22] じっくりと時間をかけて議論すれば、おのずと落ち着くべきところに落ち着くのであり、そうした市民民主主義は復興まちづくりには欠かすことはできない。

(1)……山川充夫「原発立地推進と地域政策の展開(1)」『商學論集』第五五巻第二号(一九八六年)、一—二三ページ。山川充夫「ポスト電源開発の動き——福島県広野町の場合」『東北経済』第八一号(一九八七年)、一—六五ページ。山川充夫「原子力発電所の立地と地域経済」『地理』第三二巻第五号(一九八七年)、五二—六〇ページ。山川充夫「福島県原発地帯の経済現況について」『東北経済』第八二号(一九八七年)、一二九—一五六ページ。山川充夫「原発立地推進と地域政策の展開(2)」『商學論集』第五五巻第三号(一九八七年)、一三二—一六二ページ。山川充夫「原子力発電所の立地と地域経済」『地理』第三二巻第五号(一九八七年)、五二—六〇ページ。山川充夫「地域経済とポスト電源開発」日本科学者会議編『地球環境問題と原子力』リベルタ出版、一九九一年。

(2)……http://www.nhk.or.jp/special/detail/2012/0308/

(3)……『福島民報』二〇一二年四月三日付。

(4)……『福島民報』二〇一二年二月一一日付。

(5)……『朝日新聞デジタル』二〇一一年一一月二五日付 http://www.asahi.com/special/10005/TKY201111240671.html

(6)……『福島民報』二〇一二年三月三一日付。

(7)……『福島民報』二〇一二年三月一五日付。

(8)……『福島民報』二〇一二年三月二九日付。

(9)……『朝日新聞デジタル』二〇一二年四月二日付 http://www.asahi.com/national/update/0402/TKY201204020081.html

(10)……『朝日新聞デジタル』二〇一一年一一月二〇日付 http://www.asahi.com/national/update/1120/TKY201111200270.html

(11)……「NHKスペシャル　シリーズ原発危機　知られざる放射能汚染～海からの緊急報告～」二〇一二年一月一五日。

(12)……福島県水産課「放射性物質の水産生物等への影響について」(二〇一二年三月一四日現在)。

(13)……内閣府政府広報室『「原子力に関する特別世論調査」の概要』二〇〇九年一一月二六日。

(14)……asahi.com(朝日新聞)二〇一一年四月一八日。

(15)……asahi.com(朝日新聞)二〇一一年六月一三日。

(16)……asahi.com(朝日新聞)二〇一二年三月一二日。

(17)……http://www.npu.go.jp/policy/policy09/pdf/20111221/hokoku_kosutohikaku.pdf

(18)……http://www.scj.go.jp/ja/member/iinkai/shinsai/pdf/110922h.pdf

(19)……阿南久、飯田哲也、植田和弘、枝廣淳子、大島堅一、高橋洋、辰巳菊子、伴英幸の八名の委員。

(20)……http://www.enecho.meti.go.jp/info/committee/kihonmondai/17th/17-7.pdf

(21)……村上敦『フライブルグのまちづくり——ソーシャル・エコロジー住宅地ヴォーバン』学芸出版社、二〇〇七年。

(22)……山川充夫「FUKUSHIMA復興支援から見えてくること」『経済科学通信』第一二七号(二〇一一年)、四六—五四ページ。

第一二章

地域アイデンティティの再構築に向けて

1 地域アイデンティティの危機

二一世紀に入り、中山間地域における限界集落問題、地方都市における中心市街地の空洞化、大都市郊外における大規模団地問題など、地域アイデンティティの危機が進行している。この危機は地域間格差という量的な問題ではなく、地域内人口再生産を揺るがす質的な問題である。この質的な問題としての地域問題は、アイデンティティを支えるその根底で進んでいる安定性・安心性・安全性の危機を反映している。地域の安定性は雇用の持続可能性を反映するが、雇用の持続性は労働力・商品・資金・知識など経済の地域内循環性の要石の役割を果たしている。

しかし新自由主義的な市場競争の導入により、労働力・商品・資金・知識などの広域的あるいは国際的な流動性が推し進められ、経済の地域内循環性が断ち切られることで、雇用状況の悪化など地域の安定性が揺さぶられている。地域の安心性は人口の円滑な再生産が続くことで確保されてきた。しかし少子高齢化は深刻であり、家族の分断と人口再生産の縮小とが進み、社会保障での負担増など地域の安心性が揺らいでいる。安全性の多寡は環境としての生活の質に決定的に影響するが、地球温暖化の進行は気象変動によってこれまで経験してきていなかった大規模な自然災害などの環境問題を頻繁に発生させる可能性があり、不安が増している。それだけでなく、原子力災害は地域住民を強制避難に追い込み、放射線量が高い区域では長期間、故郷に帰ることができない状況においている。地域アイデンティティは、その基盤が大きく揺らいでいるのである。

ところで地域アイデンティティにおける「地域」とは何を意味するのであろうか。地域を研究対象とする地理学は危機に直面している地域アイデンティティの再構築にいかなる貢献ができるのであろうか。本章では経済地理学における地域をめぐる議論を整理しながら、地域アイデンティティの再構築に向けた接近のあり方を考えてみよう。

2 地域アイデンティティと経済地理学

地理学にとって「地域とは何か」は根本的な研究課題である。その出発点としては、地理学は地域を「何らかの意味ある指標」によって抽出された地表面の一部であると定義している。[1]これを解明するのが地理学のなかの地誌学の任務であり、地形・気候・植生に始まり、歴史・経済・文化・政治にまで及ぶ、地図上に表現できる「指標」をもつことができれば、すべて地域的現象として地理学研究の対象となる。すべての地域的現象を一体のものとしてとらえるためには、区分する地域という枠組みを構える必要がある。「何らかの意味ある指標」によって区画された地域が設定できれば、「地域という実体」が地域概念として抽出されることになる。

では人間活動は「実体としての地域」とどのような関係をもつのであろうか。この実体としての地域の場所的関係性を解明するにあたって、経済地理学は実質地域・認知地域・活動地域という三つの分析的地域概念を提起している。この実質地域は客観的ないしは客体的な地域概念であり、建造環境を強く反映する性格をもっている。[2]景観論からすれば基本風景としてとらえられる。これに対して認知地域は実質地域と活動地域とをつなぐ機能を持っており、間主観的ないしは間主体的な地域概念であり、地域共同主観としての原風景を紡ぎだす役割をもっている。活動地域は主体的ないしは主観的な地域概念であり、近年ではネットワークを構築するアクター論として研究されている。地域アイデンティティは狭い意味でいえば間主観地域概念としての認知地域に根拠を持つ。この認知地域の構築にあたっては物的な実質地域を基盤としつつも行動の積み重ねとしての活動地域との相互作用を欠かすことができない。

第一は客観的あるいは客体的な地域概念としての実質地域である。これは地理学においては国土地理院が発行する地形図として一般的には表現される。実質地域の変形はインフラなど建造環境の変化によってもたらされる。この実質地域は都市地理学者のクリスタラーが提起した三つの原理(補完原理・交通原理・隔離原理)によって構築される中心地体系として認識される。クリスタラーの補完原理は地域間格差をできるかぎり最小にし、商品や公共サービスを地域住民が公平・平等に受け取ることができる中心地体系である。この補完原理による中心地体系は交通手段の革新や交通網の変更という交通原理や、人口分布の粗密性や地形的条件あるいは警戒区域設定などという隔離原理によって変形をうけることになる。

第二は認知地域であり、地理学では認知地域は認知地図として表現される。認知地域は能動的であれ受動的であれ、収集された情報が整理されることによって形成され、また変容される。能動的な情報は活動する主体が意図的に収集するものであり、この比重が大きければ大きいほど活動地域との重なりが強くなる。認知地域の広がりは子どもの空間認識のように成長とともに拡大をとげ、また高齢化とともに縮小する。その広がりは通勤や通学あるいは買物といった日常生活行動と旅行などのような非日常生活行動とによっても異なる。受動的な情報は典型的には放送されるあるいは配布されるマスコミ・広告情報であり、情報空間の広がりは大きくなる。これに対してインターネット情報は関わり方によって異なるものの、検索するという主体からすれば能動的な情報として取り扱うことができる。認知地域はどのような情報に依拠あるいは接近するのかによってその広がりや厚みは異なる。特にインターネットの普及はそれが電脳空間の形成を通じてアイデンティティとしての認知地域を変化させる可能性を高めている。

第三は活動地域であり、その形成は経済活動であれ社会活動であれ、人間が身体性をもつことで活動範囲が物理的に限定されることに起因している。活動地域はその機能的な特性によって異なった「空間」を重層的にもつ。機能空間は身体性としての対面接触を強調するのかあるいは強調しないのかによって、「現実空間」と「仮想空間」とに分けられる。仮想空間は現実空間の補助として登場したが、情報技術環境の著しい改善によって現実空間と仮想空間との境目が薄くなった。また情報量が多いだけでなく一度に多く人が送受信できる「仮想空間」によって「現実空間」が動かされるようになってきている。しかし身体性を持つ人間の行動によって構築される活動地域の形成には現実空間を通じた人間の意思決定を欠かすことができない。現実空間は時間地理学の発展と地理情報システムの普及によって、それを地図上に描くことがますます容易になってきている。こうした活動地域は「現実空間」と「仮想空間」の関係性のあり方によって、地域アイデンティティを構築する認知地図を違ったものとして描きだすことになる。

経済地理学にとっての地域アイデンティティとは、こうした三つの地域概念が相互関係を深めて整合性をもつことによって「実体としての地域」が構築されるものであり、この整合性にずれが生ずることで希薄化という危機が進むことになる。

3 何らかの意味ある区分としての地域概念

地域区分するための「何らかの意味ある指標」を抽出することは簡単ではないが、経済地理学の場合はその地域区分としての地域概念の基底をなすものは経済活動である。各経済活動が立地行動と経済循環においてどこに拠点をもちどのような広がりをもって持つのかを基準として、実質地域・認知地域・活動地域が整合性をもつ実体としての地域概念を探していけばよい。日本においては一九七〇年代から八〇年代にかけて関心を呼んだ「地方の時代」のなかで地域概念の議論が深められている。そこでの議論は地域アイデンティティの再構築を考えていく基礎となるだけでなく、平成大合併の評価、道州制の是非や地域的な枠組みを考えていくうえで参考となるであろう。

第一は経済活動を基礎に形成される地域概念である。これは経済活動の何に焦点をあてるのかによって、すなわち地域形成の推進力をどこに求めるのかによって、その空間的な範囲が異なってくる。空間的範囲が最も狭域のものは、例えば水田農業での用水路維持等のように共同作業との関係で規定されるコミュニティとしての農村集落である。これは都市地域でみれば防犯などの安全基盤となる町内会ということになろう。この空間的な広さは日常的な最寄品の購買圏との整合性を比較的強く持っている。広域的な地域単位を構成するのは日常的に居住と職場を結ぶ通勤圏であり、準買回品の購買圏との整合性をもち、これらは通常は都市圏として集約される。より大きな地域単位は大都市圏あるいは地方の広域圏であり、これは中心都市と近郊都市や周辺農村とから構成されている。大都市圏の場合には広域的通勤圏として総括されるが、そのなかには近郊都市を中心として形成される狭域的な通勤圏を内包する重層性がみられる。

第二は産業立地政策としての地域概念である。この地域概念は二〇世紀後半に日本経済の成長と国土の均衡ある発展をめざす国土総合開発法のもとで四回にわたって策定された全国総合開発計画を支えてきた。国土総合開発法は地域間の均衡ある発展を理念に掲げ、経済発展の地域間格差を戦略的に縮小するために、一貫して産業立地の地方分散政策を推進してきた。産業立地の地方分散を実現するためには、工場等制限法で典型的にみられるように過度に集中している大都市圏での立地(及び再立地)規制と、地方圏における産業集積拠点への立地誘導とが組み合わされる必要があった。地方圏における新しい産業集積拠点の形成にあたっては、政策的に「新産業都市」や「工業整備特別地域」といった新しい地域概念が準備され、それぞれの目的に応じて地域指定がなされた。この「新産業都市」の地域概念はその後、基軸となる産業を変化させながら、「テクノポリス」「頭脳立地」「オフィスアルカディア」へと引き継がれてきた。これらは拠点開発方式として総括されているが、いずれも特定産業を集中的に新規立地させ、そこから生まれる規模の経済とその産業連関的な波及効果によって地域経済を発展させるという理論を根拠にしている。

第三は国家行政機構による分割統治としの地域概念の展開である。国家機構は地方自治体を巻き込んで行政区画を単位とする公共経済活動を行っており、地域経済は国家――日本経済、都道府県――都道府県経済、市町村―市町村経済という重層的な行財政活動の影響を強く受けている。もちろん国家と都道府県の間には地方ブロックという地域単位があり、都道府県と市町村との間には広域市町村圏という行政単位がある。国家及び地方自治体は財政活動だけでなく、民間の経済・経営活動に関する許可届出権を持っている。そのため各事業所の活動範囲は国家出先機関や地方自治体の管轄範囲によって、強く規定されることになる。このように経済活動を主軸に構築される地域概念には行政機構による地域区画のあり様が大きく影響している。

第四は一九六〇年代から七〇年代にかけて登場した住民運動からの地域概念である。これは日米安全保障条約改定への反対運動や沖縄の日本返還をめぐる抵抗運動、水俣病・イタイイタイ病・新潟水俣病・四日市公害問題など公害問題への裁判闘争など、企業や国に対する運動・闘争の拠点形成として住民の側から提起されたものである。ここで提起定期された地域概念は国家行政機構や大企業組織がもつ本省―地方局―事務所、あるいは本社―支社―営業所(工場)という垂直的な階統的システムとは異なり、住民など現場の関係者が水平的に連帯する横断性によって特徴づけられ、政治的には反公害・福祉政策・憲法擁護を掲げた革新自治体を誕生させる原動力となった。ここには地域変革をもたらす住民エネルギーの源泉をみることができ、この住民エネルギーの系譜が反対・抵抗運動から企画・提案運動へと展開することで、新たな地域づくりとして成果を出し始めている。

第五は国境を越える地域概念である。アイデンティティに関わる地域概念で最も広いのは、欧州共同体EUのように国民国家を超える地域である。地域は統合されていなければならないが、その統合は交易を活発化するために関税を廃止する経済統合から、通貨を統一する通貨統合、さらに国家の枠組みをなくす政治統合に至るまで、さまざまな統合段階がある。国境を越えた経済活動は、貿易を通じて垂直的であれ水平的であれ、国家間分業をもたらす。農産品と工業品との交易であっても、また原材料と最終製品といった交易であっても、素材と部品、部品と完成品といった交易であっても、価値の搾取・収奪関係が介在しなければ、それは対等平等性を持つ公正でかつ水平的な国際分業関係が成立するが、それらが介在すれば不公正でかつ垂直的な国際分業関係ということになる。経済的に分業関係がない国際的な政治同盟や軍事同盟は結束力が弱く、垂直的な分業関係は結束力があるものの不安定である。

4　地域アイデンティティの再構築に向けて

地域アイデンティティの危機は、一定の整合性を持って形成されていた地域が人間活動のグローバル的流動化、人口の少子高齢化、地球環境問題の深刻化などにより、その基盤となる安定・安心・安全にかかわる持続性が根本的に揺るがされていることに起因している。地域アイデンティティは国家を前提する時代から必ずしも国家を前提とはしない時代にきており、グローカルとしての再構築が求められている。ローカルを語るにあたってはグローバルの動きをみなければ正確に理解できず、グローバルの動きは特定ローカルにおいて典型的に現出するのである。

二〇世紀後半の経済地理学における地域を把握する方法は経済地誌論から地域構造論、地域システム論へと展開してきている。[3] 今、要請されているのはグローカル時代の地域アイデンティティを理論的に説明する地域概念の構築である。グローカル時代における地域アイデンティティの再構築は、地域づくりにおける人間集団エネルギーの再発見や再構成をともなわなければならない。地域アイデンティティを求める主体は類的存在としての人間そのものであり、そのエネルギー源は何よりも協働や協同の基盤としての共同性の再発見にある。共同性は歴史的には空間的に限定された地域という括りのなかにおける一体性として醸成・編成されてきた。地域アイデンティティにおいて共同性が基盤となるのは、それが行為における過去の経験の蓄積から醸成される信頼と未来への延長としての信用を併せ持つものとして構築されてきているからである。

重要なことは地域アイデンティティを構築する主体が大きく変化していることである。行政主導の地域計画から市民主導の地域づくりへの転換である。市民主導の地域づくり活動がないところで、新たな町村合併や道州制の促進を唱導したとしても、それは不毛な結果をもたらすだけである。市民主導の地域づくりは地域アイデンティティを求める主体的な行動枠組みでもあり、異なった立場や価値観を共有するためには公正・平等という地域における民主主義ルールを確認したうえで協働するという仕組みとしての制度を生み出さなければならない。そして地域住民が自らのおかれた地域環境を客観的に把握し、地元学などを通じて地域像を正確に描き出していくことのできる地域データが整備されていなければならない(4)。

(1)……浮田典良編『最新地理学用語辞典[改訂版]』大明堂、二〇〇三年。
(2)……藤井正他編『地域政策入門』ミネルヴァ書房、二〇〇八年。
(3)……経済地理学会編『経済地理学の成果と課題　第Ⅶ集』日本評論社、二〇一〇年。
(4)……下平尾勲『地元学のすすめ』新評論、二〇〇六年。

第一三章

三・一一がわたしたちに問いかけていること

1 原災への立ち位置の何が問題なのか

「三・一一」東日本大震災と原子力災害(以下、原災)は、わたしたちに何を問いかけているのだろうか。原災はメルトダウンした原子力発電所から大量の放射性物質を大地や海洋に放出し、双葉・相馬地域の人々を豊かな自然や人間共同性から切り離し、福島県内外での避難・仮設生活を余儀なくさせている。原災は復旧や復興どころか、故郷への帰還すら困難にしている。さらに原災被災者や国民は、次の言葉が発せられたことによって、政府・学術界・企業への不信感を大きくした。不信をもたらした言葉とは「想定外」「直ちには(影響しない)」「暫定(基準値)」である。

「想定外」とはいったい何なのであろうか。「想定内」とは、市場経済においては、例えば事故に対して保険をかけることができるという、リスク管理が可能な範囲を意味している。そして原災が想定外であったということは、思い込みとしての「あるはずがない」ことを前提に、日本のモノづくりが優れているという「過信」にもとづいて作りあげられた「安全神話」パラダイムが崩壊したことを意味している。

「直ちには(影響しない)」という言葉は何をもたらしたのか。この言葉は、空間放射線量の実態や被曝による健康への影響にかかわる十分な科学的根拠なしに、被災者や国民の動揺を大きくしないという、場当たり的な政治的判断によって発せられた。低線量被曝が健康にどのような影響を与えるのか、先の見えない不安は、単に科学的なデータによる説明だけでは払拭できない。万が一の発症に対して健康・生活面でのセイフティーネットの構築こそ必要である。

「暫定」という言葉もその「基準値」が変更されることで、被災者や国民から不信感を持たれることになった。「暫定基準値」はあくまでも「暫定」であり、それが「暫定」であるかぎり、行政的な不作為が続くことを意味している。この不作為が風評被害の問題を引き起こしているのである。

こうした三つの言葉によって、それまではほぼ一体的に表現されていた「安全」と「安心」は見事に分断されてしまった。客観的基準にもとづいて「安全」であると言われても、なぜかそれが「安心」として心にすとんと落ちてこない状況をわたしたちにもたらしている。この分断をいかに克服し、一体的表現としての「安全・安心」をいかに回復するのか、そして被災者から切り離された豊かな自然や人間の共同性をいかに回復していくのか、それを支援していくことが今後の課題である。

2 原災は累積的な被害をもたらしてきている

第一次被害と「除染ありき」

原災は被災者に対して三つの累積的な被害をもたらしている。

第一次被害は被災地から避難所への避難の段階で現れている。地震や津波は人的被害や建物等の物的被害として現れているが、原災には、そうした目に見える被害だけでなく、目に見えない放射線被曝への恐れがある。被曝を避けるために、国による警戒区域等が設定され「強制避難」が指示されたが、その前に「自主避難」が先行した。

この自主避難はもちろん計画的な避難ではない。その避難先は応急的な選択と偶然的な要因によって決まっていく場合がほとんどであった。そのため、双葉地区の約半数の住民が五回以上も避難先を転々と変わらざるをえなかった。この自主避難は避難先を分散させ、避難先の居住形態も「仮設住宅」という「集団型」ではなく、民間アパートなど「借上住宅」という「分散型」であった。この分散型の避難生活は、家族や地域社会の絆をずたずたに分断する結果をもたらした。家族や地域社会の分断は、放射線被曝のとらえ方の違いにも起因している。放射線被曝に対する感応度の差は、男性よりも女性に高く、しかも子どもがいるか否かの違いが大きく反映している。放射線被曝による子どもへの影響を避けたいという母親たち思いの強さがそこには表れている。それは、県内に残る夫と県外に避難する母子という避難行動の違いをもたらし、別居を余儀なくさせている。

福島県からの県外避難者数は原災直後ではなく、約一年後の二〇一二年一月二六日にピークの六万三〇〇〇人を記録している。これは原災による避難が、決して反射的な行動だったのではなく、熟慮の結果であることを物語っている。県外避難者の帰還への足取りは重い。二〇一三年二月六日にあっても五万七〇〇〇人が県外避難を続けている。

県外避難者が帰還するためには除染が不可欠なことは言うまでもない。除染をめぐっては「費用対効果論」が聞こえてくるこの頃だが、帰還を進めるためには何よりもまず「除染ありき」でなければならない。

二　第二次被害と「絆を保つ」

第二次被害は避難所から仮設住宅への移行の段階で生じている。避難所や仮設住宅での生活は、「日常」や「生き甲斐」を強制的に奪い取り、しかも狭い居住スペースのなかで営まれている。こうした生活から生じるストレスは、義援金や補償金、賠償金といった経済的な支援だけで解決できるものではない。「生き甲斐」なき生活はストレスを高め、刹那的なギャンブルに走る、あるいはアルコールに溺れる、さらには災害関連死さえもたらしている。

ストレスの根源は原災にあるが、政府や東京電力が未だに原災を公式には「人災」と認めていないことにもある。この「人災」を認めないことが、被災者同士の分断を深め、風評被害を緩和できない原因をももたらしている。その典型例は原子力賠償の対象をめぐって引き起こされている。特定避難勧奨地点ではわずか五〇メートルで賠償に差が生じているのである。また、心無い人たちからは「働かないでのうのうとしている」と被災者が陰口をたたかれている。だが、被災者の生活する場や働く場を奪ったのは誰なのか、それをはっきりさせるべきではないのか。このことはいくら強調しても強調しすぎることはない。

家族の分断は新たな段階を迎えている。それは別居を余儀なくされた家族の生活から生じたストレスが家庭内暴力を生んだり、さらには夫婦間に不和を生じさせ離婚の危機さえもたらしている。また母親が「子どものために」と思って避難したことが、当の子どもからは「友だちとは別れたくなかった」と言われるなど、母子間の軋轢も無視することはできない。

福島市民の風評被害の問題はまったく解決していない。福島市の調査(二〇一二年九月)では約九割の市民が「原発事故による風評被害は深刻だ」「福島県のこどもたちの将来が不安だ」と回答している。さらに深刻なのは三割もの市民が「できれば避難したい」と「今も思っている」ことである。風評被害の問題の難しさには、物的あるいは経済的な実害よりも認識のギャップという「心の問題」がつきまとっていることである。うつくしまふくしま未来支援センターの調査（二〇一二年一〇月）によれば、実際的に「福島県在住であることで何らかの不利益や不快感を被った」と答えている住民は約三割にとどまっている。しかし「福島県民であることで、現在あるいは将来、県外の人と接するうえで不安」があるかについては、五割強の住民が「ある」と答えている。

こうした第二次被害を乗り越えていくためには何が必要なのであろうか。それは、人は一人では生きていけないのであるから、コミュニケーションを十分にとることのできるコミュニティをどのように再生していくかがポイントとなる。家族の絆をどのように回復していくのか、分断された地域社会をどのように修復していくのか、とりわけ重要なことは、金額に換算しただけでは解決できない人間性やプライドの回復である。勤労意欲も目的意識も人間性やプライドなくしては湧いてこない。

三　第三次被害と「先の見通し」

第三次被害は生活の基盤が仮設住宅から復興公営住宅に移行する段階で現れている。仮設住宅生活は復興公営住宅の建設が遅れていることにより、二年から三年に、そして三年から四年に延長されることになった。この延長は第二次被害を解決しないばかりか、被害を増幅することになる。

津波被災地では高台移転等の復興公営住宅の整備が進もうとしている。しかし原災地では、放射線量に対応するかたちで、警戒区域、帰還困難区域、居住制限区域が設定され、少なくとも一〇年間は戻ることができない地域さえある。故郷に直接帰還できない地域にあっては、「町外コミュニティ」の構想が具体化されてきている。しかし、なお町外コミュニティの建設形態をめぐっては、避難自治体と受入れ自治体との間で政策的な違いがある。避難自治体はアイデンティティの保持のために「集中型」を望み、受入れ自治体は「分散型」を望んでいる。

避難者はこれから帰還するのか町外コミュニティに移行するのかあるいは帰還しないのか、いずれかの選択を迫られる。帰還にあたっての問題は、故郷が放射能によって「空白化」させられたことから、除染をすれば帰還できるというほど単純ではない。避難者は避難先と対比させながら故郷に戻るうえでの生活の環境状況を見つめている。電気・ガス・水道・ガソリン・食糧といったライフラインだけでなく、医療・福祉・教育・買物・文化・雇用などの環境整備がどうなるのかを見ている。

避難者がどのような選択を行うにしても、国は人間らしく暮らすことができる条件を整えなければならない。その一つの焦点が「二重住民票」の問題である。仮設住宅であっても復興公営住宅であっても、最終的に「自宅」確保を目標とするかぎり、それは一時的な住まいであることにかわりはない。どこに住んでいても、いつでも国民としての、また市民としての暮らす権利が保障されなければならない。

新たな風評被害は「放射能汚染物質の中間貯蔵施設」の設置からも生まれてくる。この中間貯蔵施設が放射性廃棄物の最終処分場が未だ決まっていないなかで建設されるということは、暫定的な処分場がじつは最終処分場となる恐れが大いにある。実際、福島県復興ビジョン検討委員会で「原子力に依存しない、安全・安心で持続的に発展可能な社会づくり」が議論されていた二〇一一年七月、隣では県知事に対して当時の環境省事務次官によって「最終処分地」の打診がなされていた。

中間貯蔵施設の受入れは、電源三法交付金制度に依存して「発展」を遂げてきた原発立地自治体の歪んだ地域特性を再現させるものにほかならない。また除染を徹底するにあたっても、汚染土壌などの仮置き場の設置は中間貯蔵施設の建設を前提としており、中間貯蔵施設の建設は新たな風評被害を双葉地域や福島県にもたらすことになる。そしてその被害を恒久化させる。わたしたちは「それでも原発を選択しつづけるのか」と問われているのである。

3 今後、何が求められるのか

福島県復興ビジョンの基本理念

最後にわたしたちがなすべきことは何かを考えてみたい。

その第一は被災地域の復元力を確保することであり、それは被災者等住民の多様な意見をどのように受けとめることができるかどうかにかかっている。自治体などの復興計画はアンケート調査にもとづいて策定されるが、問題はアンケート調査の回答者に属性的な偏りがあることである。特に世帯主を対象とするアンケート調査の回答者は中高年の男性に偏っている。これでは女性や若者の意見が復興計画には反映されない。またアンケート調査は、いわゆる「本音」を引き出すことが難しいと指摘されている。それを補うものとしてタウンミーティングを繰り返すことが、一定の有効性をもつようである。

復旧・復興の議論でよく出てくるのが「スピード感」だが、しかし多様な意見を尊重し、熟議することなくして、トップダウン型の「リーダーシップ」を強行することは合意形成に無用な混乱を引き起こす。まずは時間がかかっても熟議することが必要である。熟議したうえで結論に達することができれば、その具体化は真の意味で「スピード感」をもった復旧・復興事業の実現につながることは間違いない。福島県復興ビジョンの基本理念の二番目に掲げられている「ふくしまを愛し、心を寄せるすべての人々の力を結集した復興」こそが求められている。そこでは支援活動における人文・社会科学分野の専門家の出番も期待される。

福島県復興ビジョンの基本理念は「誇りあるふるさと再生の実現」を三つ目の柱として掲げている。人が生きていくためには人間としての「誇り」を欠かすことはできない。この誇りを確固としたものにするためには、地域アイデンティティの再構築が必要である。地域アイデンティティの再構築には、伝統文化の役割を欠かすことはできない。それは盆踊りであっても、三匹獅子舞いであっても、野馬追い行事であってもよい。伝統文化がもつ復元力は無視することができない。それらがなぜ歴史的に受け継がれてきたのかの理由を考えれば、それはよくわかることである。

おわりに

1　三・一一大震災と原災が発生した時

三月一一日当日、我が家の危機管理？

福島大学は福島駅から東北本線で一〇分南のＪＲ金谷川駅にあり、三月一一日の東日本大震災当日は経済経営学類棟六階の研究室にいました。買い換えたばかりの携帯電話からの「緊急地震速報」コールに驚き、すぐ揺れ始めたので、何も持たずに廊下に飛び出しました。その直後、大きな縦揺れが、そしてこれまで経験したことのない横揺れが長く続き、生きた心地がしませんでした。

コートも着ずに避難先の駐車場に出た身には早春の福島の外気が寒く、一時間くらいで揺れがいったん収まったことから、学類棟内に戻りました。建物のダメージはほとんどなくてガラスも割れませんでした。しかし研究室内に戻ろうとしたところ、書棚から落ちた書籍の山に塞がれ、ドアが開きませんでした。もし室内にとどまっていたら、書籍の下敷きになっていたでしょう。

同僚の車で、不通になった国道四号線を避け、農免道路で迂回して、福島駅西口にある自宅に戻りました。その途中、全倒壊した建物はほとんど見かけませんでしたが、古い土塀などが崩れたり、瓦が落ちたりはしていました。

自宅（一四階建の六階）に戻ると、耐震用突っ張り棒で家具を固定していたせいか、皿一枚割れてはいませんでした。ただ九階以上の世帯では家具や家電が倒れてかなりの被害がありました。エレベーターは止まり、すべてのライフラインが停止状態にありました。当日夜、石油ストーブは暖をとるだけでなく、灯りとしても役立ちました。幸い電気は翌日に復旧、ガスも使えました。水道はマンションの貯水槽が空になるまでは使え、風呂に水をためることができましたが、広域上水道のパイプラインが破損したこともあり、全面復旧までには一週間かかりました。

次の日からは女房に尻をたたかれ、食糧・飲料水・乾電池・その他日用品の買い出し（買占め？）に奔走しました。翌朝、自宅前のコンビニが開きましたが、直に品物がなくなりました。幸い歩いて数分のところにスーパーが二軒ほどあり、数量制限はあったものの、必要な品物は確保できました。飲料水はペットボトルの他、近くに天然水（天授の水）の井戸があり、一時間ほどならんで三リットルを確保できました。この袋は市水道局から無償で提供されました。もし普通の給水所で並んだら、三〜四時間はかかったことでしょう。トイレの水も消防団が近くの荒川の水を汲んで提供してくれました。これは段ボールにビニールを敷き、運びました。

大学からの指示により、担当している教養演習・専門演習、合わせて三五名のゼミ生学生の安否を行いました。北関東、東北出身の学生がほとんどで、結果、経済経営学類全体では死者、重傷者はいませんでした。入学式は原発事故の影響もあり、五月の連休明けでした。私も家族と一週間ほど八王子の娘のところに避難しました。原発の外部電源が復旧したという情報もあり、八王子でガソリンを運よく入手でき、七、八時間かけて福島に戻りました。しかし、福島でガソリンが比較的容易に入手できるようになるには一ヶ月の時間を要しました。

フクシマになぜ原発が

今回の東日本大震災での被害はご存知のとおり三つの問題が合わさっています。一番目は地震です。これは思ったより被害は少ないのですが、いまだに屋根瓦の修理ができていません。また伝統的な建物の被害は大きく出ています。第二は大津波です。これは被害が甚大なところとそうでないところの差が一目瞭然です。第三に原発事故で、収束が遅れており、放射線問題が深刻な問題を引き起こしています。いずれの被害も甚大ですが、この点で岩手・宮城と福島は違います。

なぜ、福島に原発があるのでしょうか？ 私の専門、経済地理学からすると、原発立地には三つの要件があります。①過疎地で人口が少ないこと。「想定外」という言葉が一時流行りましたが、「万が一」は想定されていたのです。首都圏内に原発があったとしたら、どうだったでしょう。②地盤が固いこと。福島県は古名を石城《いわき》・岩代《いわしろ》の国といい、日本のなかでも地震保険料が最も安いところでした。しかし貞観年間には巨大地震があったにもかかわらず、過小評価されていました。③臨海であることです。原子炉冷却に大量の海水を必要とします。

たしかに受け入れした地元側からすれば、原発立地による建設・運転・メンテナンスによる雇用創出が魅力であったということです。たしかに電源三法交付金の継続なども含め、大きな経済的効果はあり、福島県は「電源立地」は売り渡しましたが、「命」まで売り渡したわけではありません。

実害と風評に曝されている福島

福島市は原発から六〇キロメートル、計画的避難区域の飯舘村を北西に延長したところにあります。福島県民の今の心理状態は「茹で蛙」状態プラス「鬱状態」です。「茹で蛙」というのは経営学でよく使われる言葉です。蛙は熱い湯に急に入れると慌てて飛び出すが、ぬる湯からだんだん温度を上げていくと、飛び出すことなく茹であがって死んでしまうのです。同僚のウクライナ人教員がいうように、原発事故や放射線量などの情報が小出しにされることで、深刻さに慣らされてしまっているようです。そうでないと福島市・郡山市・いわき市など百数十万人がパニック事態に陥ってしまうというのです。

鬱状態は毎日公表されるモニタリングポストの放射線量が下げ止まりになっていることだけでなく、身近な場所での線量がわからないことにあります。六〇キロメートル離れていても、局地的に放射線量が高いホットスポットが見つかっています。大学で国に線量計をリクエストしたところ、全国から送られてきましたが、放射線の専門の人が使うミリシーベルト単位のものしか寄せられず、マイクロシーベルト単位まで計れるものはなかったとのことです。笑えない話なのです。

また放射性ヨウ素だけでなく、半減期の長い放射性セシウムも各地で見つかり、毒性の極めて強いプルトニウムも出てくる可能性があるということも、私たちの鬱状態をさらにきついものにしています。セシウムは洗えば大丈夫とか、野菜は土を洗えば大丈夫とか、直ちに影響はないとか、「安全」が強調されればされるほど、不安が増してきます。また安全基準の二〇ミリシーベルトとはどういう状態を想定したものか？　通学・通園する子ども達を見るにつけ、基準値は一ミリシーベルトにすべきであると思ったのです。

風評による実害もあります。これは身近な例ですが、長年我が家で食べている山形県産の無農薬有機栽培米のチラシに「福島県産の米は入っていません」という一文がありました。もともと福島のものは扱っていないのだから、わざわざ書く必要はないと女房は怒り、抗議しました。隣県の山形の有機農業研究会側からすれば、「安全」をアピールしたいのでしょうが、福島県の農家からすれば、いやがらせ以外のなにものでもありません。先々、差別も生じてくるかもしれません。結婚の時とか。精神的なダメージは震災直後より、時間が経つにつれて、ジワジワと身体に効いて来ます。たとえ直接被害に遭っていない人でもです。

福島県の復興ビジョンの方向性

福島県の復興ビジョンづくりは、原発事故が収束しないこともあり、国や宮城県・岩手県に比べて遅れていました。私は偶然にも福島県復興ビジョン検討委員会のメンバーとして参加することになり、第一回の委員会では、後に掲げるような七つの原則を提案しました。その後の検討委員会での最大の焦点はビジョンの理念・方針に「脱原発」を掲げるかどうかにありました。

たしかに当初案には「脱原発」に近い文言は各所にちりばめられていたものの、柱立てとしては明示されていませんでした。私は柱立てとして「脱原発」を掲げることが、県民・国民・世界の期待に応える責務であることを強く発言し、他委員の多くの賛同を得たことで、二次案ではこのことが全面的に取り入れられました。多くの方から感謝の意が寄せられましたが、なお予断は許されませんので、努力を重ねたいと思っています。

「脱原発」の基本方針の下、地域復興をどのように進めていくのかが今後求められています。例えばいわき市の小名浜をはじめ、被害の大きかった沿岸部を視察していますが、被害の甚大さを痛感し、堤防や防潮林などの整備や究極の安全のための高台避難場所の確保など、多重で多元的な対策が必要だとの印象を受けました。いずれにしても地元の人がやる気の出るビジョンや計画を提言しなければと思い、微力ながら努力をしたつもりです。

2 福島大学うつくしまふくしま未来支援センターとのかかわり

私が教員として三二年間籍を置いた福島大学は、第二次世界大戦以前から教員養成と経済実務家を育成する伝統をもっており、地域社会に開かれた大学として地元住民や自治体、地元企業、各種団体などと共に行動し、息長く地域づくりの課題に取り組んできています。私も以前から福島県都市計画審議会(会長)、同中小企業政策審議会(会長)、(公益法人)福島県国際交流協会(理事長)、福島市水道経営審議会(会長)などを務め、計画づくりや運営にかかわってきました。今では、こうした地域貢献への取り組みはあたりまえのこととして評価され、人材育成としての教育活動や学術の発展を進める研究活動と並んで、本学の基本的使命の一つに位置付けられています。

福島大学では、震災&原災の直後から避難住民を体育館に受け入れ、教職員・学生ボランティアの協力を得て避難者支援を行ってきました。またいち早く空間放射線量を測定し、マップとして公表するなど、喫緊の課題へ迅速に対応してきました。こうした活動をもとに、福島大学は地元国立大学としての役割を積極的に果たすべく、二〇一一年四月には福島県内の震災&原災地域の復旧・復興を支援するという意思決定が行われ、同年七月には「うつくしまふくしま未来支援センター」が設立され、学長から学長特別補佐(うつくしまふくしま未来支援センター長)に指名されました。

未来支援センターの目的は、「東日本大震災及び東京電力福島第一原子力発電所事故に伴う被害に関し、生起している事実を科学的に調査・研究するとともに、その事実に基づき被災地の推移を見通し、復旧・復興を支援する」ことにあります。ここで強調したいことは、未来支援センターの理念は地域の復旧・復興に寄り添う「支援センター」であり、学術研究を第一義とする「研究センター」でないことです。

未来支援センターは、四つの部門とそのもとに九つの担当(プロジェクトチーム)に四六名を超えるセンター員を配置しています(二〇一三年三月末)。この配置には地域からの強い支援要請を反映させています。またJICAや東邦銀行からも人材派遣を受けています。ここ一年間のセンター長としての役割は、センター専任の特任教員・研究員一五名を採用することであり、センター運営体制を確立することでした。どうも外から見ると苦労しているように見えるのですが、やっている本人にすると、結構楽しんでいたと思います。もちろん外からの依頼で平均すると週二回程度の訪問者対応、週一回程度の講演活動、月二回程度の県市町村の審議会、月一本程度の原稿書きが、通常の授業負担に加わりますので、時間のやり繰りにはつらいものがありました。

さて専門性に応じて組織された各プロジェクトチームは、被災した子どもや若者の学びや自立への支援、仮設・借上住宅等での絆づくりやコミュニティ再生、農産物風評対策としての農地詳細放射線マップの作成やユビキタス的食品検査体制の提言、放射能で汚染された自然環境を回復させるための土壌調査支援、原子力ゼロに向けて代替として期待される再生可能エネルギーの計画策定や導入支援、などを行いました。私自身も微力ながら、世界的な注目を集めている「原子力に依存しない社会」を理念として掲げる「福島県復興ビジョン」策定には直接かかわりました。

未来支援センターの活動のもう一つの特長は「現場」主義の徹底にあります。そのために二つのサテライトを、地震・津波の被害だけでなく原災警戒区域等の設定により地域が三つに分断された南相馬市と、いち早く帰村宣言を行った双葉郡川内村に置きました。特に川内村サテライトには担当者二名のほか常駐者三名を配置し、総合計画・復興計画づくり、内部被曝調査、買物環境調査、帰還環境調査などの支援活動を精力的に進めました。

福島県内における震災&原災被災者への支援は、地域的な段階差を持ちながらも、重点が避難生活から仮設生活、そして「仮の町」生活へと移ってきています。新たな課題やニーズに応じた調査・支援活動も積極的に展開していきます。またこれまで蓄積してきた災害復興にかかわる知見を教育資源として活用し、災害復興などに積極的に活躍できる人材の育成を目指して、二〇一二年一〇月からは未来支援センターの専任スタッフが中心となり、「災害復興支援学」を福島大学において開講しました。今後、カリキュラムとして整備を図りながら、その内容を県内外に発信していくことになります。その展開の活動拠点を整備するために未来支援センター棟が二〇一三年八月には竣工の運びとなりますが、私自身は三月末で定年退職しましたので、今後は外からの応援となります。

（二〇一三年三月）

山川充夫
…やまかわみつお…

1947年愛知県生まれ。福島大学名誉教授・客員(特命)教授。
帝京大学経済学部地域経済学科教授。博士(学術・東京大学)。
日本学術会議会員。専門は経済地理学・地域経済論・都市経済学。
著書に『大型店立地と商店街再構築』(八朔社)など。

原災地復興の経済地理学

２０１３年10月31日　初版

著者……………山川充夫
発行者…………桜井　香
発行所…………株式会社　桜井書店
東京都文京区本郷1丁目5－17　三洋ビル16
〒113－0033
電話　（03）5803－7353
FAX（03）5803－7356
http://www.sakurai-shoten.com/
ブックデザイン……鈴木一誌＋桜井雄一郎
印刷・製本……株式会社　三陽社

ISBN978-4-905261-15-5 Printed in Japan

いま福島で考える
震災・原発問題と社会科学の責任

東日本大震災・福島第一原子力発電所事故を直視して、
これからのふくしま、これからの日本、これからの社会科学のあり方を、
学際的、地域的かつ国際的視点で考察し、
被災地の復旧・復興の基本的な考え方を提起する。

第1部 原発災害の現地から
南相馬市長 **桜井勝延**
福島県農民運動連合会事務局長 **根本 敬**
プロジェクトFUKUSHIMA実行委員会代表・ミュージシャン **大友良英**

第2部 震災・原発事故が政治経済学に問うもの
経済理論学会代表幹事・摂南大学教授 **八木紀一郎**
日本学術会議前会長・専修大学教授 **広渡清吾**
前・福島大学うつくしまふくしま未来支援センター長・帝京大学教授 **山川充夫**
日本地域経済学会会員・東京海洋大学准教授 **濱田武士**
基礎経済科学研究所前理事長・慶應大学教授 **大西 広**

第3部 フクシマ, チェルノブイリ, ドイツ
元福島県復興ビジョン検討委員会座長・福島大学名誉教授 **鈴木 浩**
福島県チェルノブイリ調査団団長・福島大学前副学長 **清水修二**
ドイツ政府エネルギー問題倫理委員会委員・ベルリン自由大学環境政策研究センター長 **ミランダ・シュラーズ**

第4部 市民参加の討論と集会宣言

後藤康夫・森岡孝二・八木紀一郎⦿編
四六判上製・288ページ・定価:2400円＋税